电子商务第三次浪潮

邓顺国 郭 凡 著

科学出版社

北京

内 容 简 介

本书是一本全面阐述电子商务理论与实践的新著。在本书中，作者从五个方面对新时代的电子商务进行了全面的介绍。第1章探讨了电子商务的定义，着重研究了电子商务对传统商务的思维和运作方式带来的变革，并结合我国电子商务的环境支持，简单介绍了正在兴起的数字贸易产业。第2章着重研究了电子商务在前两次浪潮中与商业、金融和其他行业的结合及其实践成果。第3章主要介绍了解决电子商务实际问题的新技术和新发展策略。第4章为本书的核心，深入探究了第三次电子商务浪潮将催生的九大发展方向，即所谓"大道三千，道道可证混元"。最后一章揭示了如何在商机无限的网际空间里灵活机敏地生存、适应以至壮大的生存法则。

本书面对的读者是那些"知识经济时代"的公司高级管理人士、希望建立和运营新兴电子商务模式的企业家、电子商务的潜在投资者以及莘莘学子中的那些准备在电子商务新的浪潮中一试身手的创业者。同时，希望本书能吸引更多的读者群，特别是那些希望以某种方式帮助他们塑造自身命运的人们。

图书在版编目(CIP)数据

电子商务第三次浪潮/邓顺国，郭凡著. —北京：科学出版社，2011
ISBN 978-7-03-030820-7

Ⅰ.①电⋯ Ⅱ.①邓⋯②郭⋯ Ⅲ.①电子商务-研究 Ⅳ.①F713.36

中国版本图书馆 CIP 数据核字（2011）第 069045 号

责任编辑：马 跃/责任校对：张 林
责任印制：张克忠/封面设计：耕者设计工作室

科 学 出 版 社 出版
北京东黄城根北街 16 号
邮政编码：100717
http://www.sciencep.com

骏 杰 印 刷 厂 印刷

科学出版社发行 各地新华书店经销

*

2011年5月第 一 版 开本：720×1000 1/16
2011年5月第一次印刷 印张：10
印数：1—2 500 字数：200 000

定价：**35.00 元**

（如有印装质量问题，我社负责调换）

序 一

自 20 世纪 90 年代中国接入国际互联网以来，我国互联网已经对经济社会发展产生了极为深刻的影响。作为互联网产业中十分重要的一个分支，电子商务也取得了巨大的成长和长足的进步。

据中国互联网信息中心统计，截至 2009 年 12 月底，中国互联网人数已达 3.84 亿。在这十多年的时间里，中国互联网产业经历了门户、搜索、web2.0、电子商务等主要阶段。现在，互联网一方面继续保持新闻娱乐的应用，另一方面电子商务的应用已经成为新的非常重要的功能。现在，中国的互联网产业运营规模已逾百亿，我国"互联网大国"的态势已经初显。无疑，电子商务在其中扮演了重要角色。

十多年来，电子商务不仅自身形成了产业规模庞大、就业人数众多、企业机制与结构灵活、创新能力强、能够不断适应经济社会发展需要的新型产业，而且很大程度上促进了国民经济产业制造业、流通业与服务业的转型与升级。与传统贸易方式相比，电子商务具有交易成本低、交易效率高、交易覆盖广、交易协调性强、交易透明度高等一系列明显的优势。利用遍及全球的互联网这一独特平台，电子商务突破了传统的时空局限，缩小了生产、流通、分配、消费之间的距离，大大提高了物流、资金流和信息流的有效传输和处理，开辟了世界范围内更为公开、广泛、竞争的大市场，为制造者、销售者和消费者提供了能更好满足各自需求的极好的机会，是促进经济全球化的重要技术支撑平台。

回顾电子商务的这十几年的发展历程，有专家学者认为可以大致将其划分为两次浪潮。第一次浪潮主要从 1995 年开始到 2001 年，在此期间，电子商务经历了默默无闻、快速兴起、又滑向低谷的不同阶段，可以称之为探索和理性调整时期。从 2001 年开始到迄今为止的第二次浪潮则是回归理性的稳定和快速发展时期。期间，主要以百度、腾讯、携程网、盛大以及一批 SP 公司的相继上市为代表，我国电子商务行业进入新一轮高速发展与商业模式创新阶段，衍生出更为丰富的服务形式与盈利模式。本书通过回顾分析电子商务发展的前两次浪潮，从投资角度、技术角度、内容角度、经济角度、政策角度对这两次浪潮的前因后果进行了深度的解读。

电话拨号上网，开启了第一次电子商务浪潮。宽带上网，掀开了第二次浪潮。本书作者认为，云计算、网络融合和物联网的应用与发展，在技术层面揭示了第三次电子商务浪潮的到来。有专家预言："中国互联网下一个十五年是电子商务的十五年"，或许这可以在实践中观察和探索，但毫无疑问的是，电子商务引发的"按需定制"的生产模式革命、"线上销售"的销售模式革命、"创业式"的就业模式革命、"货比三家"的消费模式革命等一系列变革则是正在我们身边发生的事。为此，本书从电子商务全程化、垂直化、移动化、泛在化、智能化等十个方面的特征对电子商务的第三次浪潮作了详细的描述。最后，本书指出，第三次浪潮将给电子商务带来新的发展机遇，如再造商品信息流通新渠道，降低企业采购成本，开拓销售渠道等。

　　本书作者明确提出了电子商务第三次浪潮的来临，进而阐述了电子商务将来发展中值得注意的重要方向和主要趋势，为从业者学习进修、企业进行电子商务活动、政府推进电子政务的发展都提供了有益的参考。相信本书的出版将有助于推动电子商务未来的发展。

　　面对电子商务的新浪潮，您准备好了吗？

华南师范大学教授　博士生导师

胡社军

2010 年 11 月

序　二

　　展开我国电子商务发展的历史画卷，有过激情、有过疯狂、有过绝望，也有过思考、更有过不懈的奋斗。电子商务的波澜壮阔与跌宕起伏，在不断缔造一个个"神话"故事的同时也在时刻上演出一幕幕华丽的饕餮盛宴。以门户网站为代表的第一次浪潮，在 2000 年网络泡沫中迅速化为浮云。正是因为第一代美丽泡泡的破灭，让互联网应用逐渐回归理性，在经济、管理与技术应用相结合的引领下逐步催生了以搜索、网游、电子商务网站等多元化的电子商务应用为代表的第二次浪潮。

　　十年前，我国互联网用户不到 100 万，而今天这个数字已经达到了 4.2 亿。4.2 亿是什么概念？意味着互联网已经覆盖了中国将近 1/3 的人口，意味着互联网已经影响到了中国绝大部分年轻人以及主流消费人群的生活、学习和工作内容与方式。十年中，作为电子商务人，我们辛苦而快乐，我们流过眼泪，却伴着欢笑，我们踏着荆棘，却迎来万里花香。十年后，风生、水起、潮涌，朝气蓬勃的电子商务再也不是飘在空中的神马浮云，而是真正的落地生根与遍地开花。"农夫朴力而寡能，则上不失天时，下不失地利，中得人和而百事不废"，无论是政治、经济、文化等宏观环境，还是网络、物流、支付等基础体系，再或是人们的思想意识，电子商务已经具备了天时、地利、人和等各方面条件。云计算、物联网……越来越多的新技术、新应用正预示着电子商务第三次浪潮的来临。

　　邓顺国教授邀请我为本书作序，盛情难却。全书读完之后，我感触颇多。这本书除了对电子商务发展历程作了简要回顾之外，还重点对电子商务新趋势、新应用作了非常详尽的论述，对互联网、电子商务以及相关领域人士来说具有重要的参考价值。

　　十年星火刚播种，一朝燎原映千年。刚刚过去的 2010 年是我国"十一五"规划的最后一年，如果说过去的十年是电子商务应用启蒙的十年，那么接下来的十年将是怎样的十年呢？或许，过去的十年，只是少数先行者的舞台，然而这并不意味着下个十年还是如此！2011 年，中国电子商务又一个十年的全新开始，任何人都有可能成为梦想家，问题是：除了理想，你准备好行动了吗？

教育部高等学校电子商务专业教学指导委员会副主任
西安交通大学经济与金融学院　教授
李　琪
2011 年 1 月

目　　录

第1章 电子商务概述

"纷纷红紫已成尘,布谷声中夏令新",中国电子商务历经了世纪之交的疯狂与严冬之后,终于走出阴霾迎来春天,而如今的电子商务正如万物欣欣向荣的初夏时节。2010年是21世纪第一个10年的完结,更是第二个10年的开始,也掀开了中国电子商务发展的新篇章。第一个10年里,有惊喜与疯狂,有辛酸与泪水,有痛苦与绝望,更有沉思与理性。十年前,我们还是蹒跚学步;十年后,我们已经长大成人。电子商务已经成为改变人类生活方式以及商业模式的又一次革命。

1.1 电子商务的定义及分类

电子商务的出现与应用已经有很多年了,在我国也有十多年的历史。但是电子商务的基本概念依然处于理论研究的范畴,正处在活跃的研讨期,电子商务的定义并没有一个统一的说法。不同的机构、科研人员等从不同的角度,对电子商务会有一些不同的看法,也对电子商务给出了不同的定义。读者在学习的过程中,应该有所思考和讨论,并不一定局限在现有的一些定义中。

1.1.1 电子商务定义

因特网为人类社会创造了一个全新的信息空间。在这个空间里,人们用数字信号在网上交换邮件、讨论、聊天、游戏,甚至购物。商业活动作为人类最基本、最广泛的联系方式,自然会渗透到互联网中,于是人们想到了用数字信号在网上开展商务活动。因此,可以说电子商务是人类经济、科技和文化发展的必然产物。

事实上,直到现在还没有一个较为全面的、具有权威性的、能为大多数人接受的电子商务定义。各种组织、政府、公司和学术团体都依据自己的理解和需要来为电子商务下定义,其中有一些较有代表性。现介绍如下:

1. 从不同角度审视电子商务

电子商务的英文名大部分用 electronic commerce,简写为 EC,有的也用 electronic business,简写为 EB。不同的用法强调不同的侧面:

(1) 从通信的角度看,电子商务是在 Internet 上传递信息、产品/服务或进行支付；

　　（2）从服务的角度看，电子商务是一个工具，它能够满足企业、消费者、管理者的愿望——在提高产品质量和加快产品/服务交付速度的同时降低服务的成本；

　　（3）从在线的角度看，电子商务提供了基于互联网络的销售信息、产品，以及服务。

　　其实，以上各种观点都是正确的，只不过是在从不同角度审视电子商务。总之，电子商务强调创造商机，以较少的投入获得较高的回报，创造商业价值。

　　2. 广义的电子商务 EB（electronic business）

　　广义的电子商务指各行各业，包括政府机构和企业、事业单位各种业务的电子化、网络化，也可称作电子业务。

　　3. 狭义的电子商务 EC（electronic commerce）

　　狭义的电子商务指人们利用电子化手段进行以商品交换为中心的各种商务活动，也可称作电子交易。

　　4. 联合国国际贸易程序简化工作组的定义

　　联合国国际贸易程序简化工作组定义电子商务为采用电子形式开展商务活动，它包括在供应商、客户、政府及其参与方之间通过任何电子工具，如 EDI、web 技术、电子邮件等共享非结构化或结构化商务信息，并管理和完成在商务活动、管理活动和消费活动中的各种交易。

　　5. 加拿大电子商务协会给出的定义

　　加拿大电子商务协会给出了较为严格的电子商务的定义，认为电子商务是通过数字通信进行商品和服务的买卖以及资金的转账，它还包括公司之间和公司内部利用电子邮件、电子数据交换、文件传输、传真、电视会议、远程计算机联网所能实现的全部功能。

　　由此可见，电子商务的概念包含两个要素：一是商务；二是网络化和数字化技术。

1.1.2　电子商务的内涵

　　当今提及的电子商务概论中，最重要的是强调电子化手段在数据收集、交换和处理的过程中的作用。因此，我们可以认为电子商务的主要成分是“商务”，是在“电子”技术基础上的商务。

电子商务的前提是商务信息化。电子商务是一个社会系统，它的中心必然是人。电子商务的出发点和归宿是商务，商务的中心是人或人的集合。电子工具的系统化应用也只能靠人。所以，电子商务的核心是人。

电子工具必然是现代化的。所谓现代化工具是指当代技术成熟、先进、高效、低成本、安全、可靠和方便操作的电子工具。另外，对象的变化是至关重要的。以往的商务活动主要是针对实物商品进行的商务活动，电子商务则首先要将实物商品虚拟化，形成信息化（数字化、多媒体化）的虚拟商品，进而对虚拟商品进行整理、储存、加工传输。

1.1.3　电子商务的特点

与传统形式的商务活动相比，电子商务具有虚拟性、跨越时空性、低成本、高效性和安全性等明显的特点。也正是因为电子商务具有这些特性，才使得电子商务具有无穷的魅力，并将成为越来越多商家和消费者选择的商务形式。

1. 虚拟性

电子商务的虚拟性主要表现在以下两个方面：

1）企业经营的虚拟化

对于流通企业来讲，采用电子商务的方式可以实现无店铺经营。如 Amazon 公司（http://www.amazon.com）就是一个在简陋的车库中成立的网络零售企业，它既没有租门面陈列实际的商品，也无须雇佣大量售货员，它所需要的只是一些可以上网提供产品信息并接受客户订单的服务器、一些信息处理人员，以及一些用来存放所经营商品的仓库。

对于生产性企业而言，采用电子商务的方式可以实现无厂房经营。如美国 Compaq 公司的电脑 90% 都不是它自己生产的，其计算机的各种零部件都是发包给世界各地的计算机制造商生产，然后组装，Compaq 公司只负责提供技术、软件和品牌，组装好的电脑通过全球物流配送体系发送给用户。

2）交易过程的虚拟化

贸易双方从贸易磋商、签订合同到支付等，都无须当面进行，均通过计算机互联网络完成，整个交易完全虚拟化。

2. 跨越时空性

电子商务跨越时空的特点主要表现在网络商务的开展可以不受时空的限制。

传统企业一般都有上下班时间限制，而电子商务企业的网上服务可以 24 小时连续进行。传统企业在建立新厂或者新商店时都要精心选址。例如，需要充分考虑交通条件、车流量和人流量、居民分布特点等因素。而电子商务企业可以不受上述因素的约束，其服务器放在与因特网相连的任何角落都可以接受客户的访问，因而其服务范围可以覆盖全球。

3．低成本

电子商务具有显见的低成本性，主要表现在以下几个方面：

（1）没有店面租金成本。传统的店面相当昂贵，特别是黄金地段，可以说是寸土寸金。而电子商务则只需一台连在互联网上的网络服务器，或者租用部分网络服务器的空间即可。在电子技术高度发达的今天，购置一套网络服务器设备的费用与实际租用一个商业大厦的费用相比甚至可以忽略不计。

（2）没有专门的销售人员。电子商务借助于电子手段实现信息传递和沟通，在交易过程中不需要传统的销售人员介入，降低了信息成本、减少了交易费用、节省了销售人员的薪金和培训等费用。

（3）没有商品库存压力。一个经营良好的电子商场甚至能做到"零库存"，不需要承担任何库存压力，实现什么时候要卖出货什么时候才进货，减少了文件处理费用和库存费用，降低了管理成本。

（4）很低的行销成本。电子商务具有较好的促销能力，其电子货架上的商品同时是广告宣传的样品，经营者不需要投入大量的促销广告费用。因此，节省了大量的广告费用并降低了产品成本。

4．高效性

电子商务的高效性表现在以下两个方面：

（1）因特网技术使贸易中的商业报文标准化，标准化的商业报文能在世界各地瞬间完成传递，并由计算机自动处理，使整个交易快捷、方便。

（2）电子货币的出现和流通，可以减少资金的在途时间，提高资金的利用率。

先进的信息技术使得整个商业运转流程和周期大大缩短，商业活动的效率得以提高。

5．安全性

在电子商务中，安全性是必须考虑的核心问题。为了帮助企业创建和实现这一目标，国际上多家公司联合开发了安全电子交易的技术标准和方案研究，并发布了 SET（安全电子交易）和 SSL（安全套接层）等协议标准，为企业创造了一种安全的电子商务环境。这样可以保证网络信息传输中各种信息的互相核对，有效防止仿造信息的流通。

1.1.4　电子商务分类

通过研究电子商务的类型，可以从不同角度加深对电子商务的理解。根据研究重点的不同，电子商务有多种分类方法，现主要介绍按交易的参与主体进行的分类。

（1）企业对消费者（business to customer）：B2C 电子商务是利用计算机网络使消费者直接参与经济活动的高级形式。这是人们最熟悉的一种电子商务类型，以至于许多人误以为电子商务就只有这样一种模式。事实上，这缩小了电子商务的范围，错误地将电子商务与网上购物等同起来。目前在因特网上的各种网上商店、商城提供的商品和服务等都属于此类。

（2）企业对企业（business to business）：B2B 电子商务包括非特定企业间的电子商务和特定企业间的电子商务，是指采购商与供应商在互联网上进行谈判、订货、签约、接受发票和付款，以及索赔处理、商品发送管理和运输跟踪。通过增值网络运行的电子数据交换（electronic data interchange，EDI），已使此类电子商务得到了很大发展。B2B 模式是当前电子商务模式中份额最大、最具操作性、最容易成功的模式。

（3）消费者对消费者（customer to customer）：C2C 电子商务是消费者与消费者之间的交易。个人对个人的商务活动在传统上主要通过分类广告、收藏物品展、旧物出售和跳蚤市场这样的贸易方式或场所进行，或者通过拍卖行、当地分销商等中介进行。互联网电子商务的发展为 C2C 打开了方便之门。如网上拍卖网站属于此类电子商务的网站。

（4）企业对政府（business to government）：B2G 电子商务覆盖企业与政府组织间的各项事务。企业与政府电子商务主要是政府采购和在电子商务中的作用。政府采购是指各级政府为了开展日常政务活动或为公众提供公共服务的需要，在财政的监督下，以法定形式、方法和程序，从市场上为政府部门和所属公共部门购买商品和服务。如政府的网上采购和公司的网上纳税等。

（5）消费者对政府（customer to government）：政府将电子商务扩展到福利费的发放、自我估税和个人税收的征收等方面均属于此类的电子商务。

（6）企业对消费者对企业（business to customer to business）：将 B2B 和 B2C 模式相结合，体现了供应商将产品或服务提供给消费者，而消费者又将其消费需求通过数字平台反馈给供应商的互动模式。数字贸易产业联盟（P. CN）的积分消费即属于此类电子商务。

按交易的参与主体分类是最常用的分类方法。在这里，交易的主体可以是企业、政府部门，也可以是最终的消费者，还可以是这些交易实体的多种组合，具体分类如图 1-1 所示。

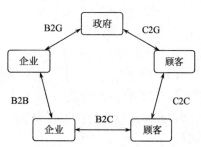

图 1-1　按交易的参与主体分类

另外，还有按交易电子化程度分类、按交易过程的完整性分类和按从事交易活动的企业类型或者网站的类型分类等。这里就不多介绍了。

1.2 传统商务与电子商务的区别与联系

人类自从有了分工就开始了商业活动，从以物易物的交换到产生了以货币为媒介的商业形式，每一次技术革命都会对交易活动的方式和规则带来变革，但交易的基本原理并没有变化。商业活动就是至少有两方参与的有价物品或服务的协商交换过程，它包括买方和卖方为完成交易所进行的各种活动。

一般说来，在一个具体商贸交易过程中，实际操作步骤和处理的过程按照组织内部的管理活动可分为以下三个部分。

（1）物流：指商品的流动过程。

（2）资金流：指交易过程中资金在双方单位（包括银行）中的流动过程。

（3）事务流：指商贸交易过程中的所有单据和实务操作过程。

1.2.1 传统商务运作过程

传统商贸交易过程中的实务操作由交易前的准备、贸易磋商、合同与执行、支付与清算等环节组成：

（1）交易前的准备：对于商贸交易过程来说，交易前的准备就是供需双方如何宣传或者获取有效商品信息的过程。商品供应方的营销策略是通过报纸、电视、户外媒体等各种广告形式宣传自己的商品信息。对于商品的需求企业和消费者来说，要尽可能得到自己所需要的商品信息来充实自己的进货渠道。因此，交易前的准备实际上就是商品信息的发布、查询和匹配过程。

（2）贸易磋商过程：在商品的供需双方都了解了有关商品的供需信息后，就开始进入具体的贸易磋商过程，贸易磋商实际上是贸易双方进行口头磋商或纸面贸易单证传递的过程。纸面贸易单证包括询价单、价格磋商、定购合同、发货单、运输单、发票、收货单等，各种纸面贸易单证反映了商品交易双方的价格意向、营销策略管理要求及详细的商品供需信息。在传统商贸活动的贸易磋商过程中使用的工具有电话、传真或邮寄等，因为传真件不足以作为法庭仲裁依据，故各种正式贸易单证的传递主要通过邮寄方式。

（3）合同与执行：在传统商务活动中，贸易磋商过程经常通过口头协议来完成，但在磋商过程完成后，交易双方必须要以书面形式签订具有法律效应的商贸合同，来确定磋商的结果监督执行，并在产生纠纷时通过合同由相应机构进行仲裁。

（4）支付过程：传统商贸业务中的支付一般有支票和现金两种方式，支票方式多用于企业的商贸过程，用支票方式支付涉及双方单位及其开户银行，现金方式常用于企业对个体消费者的商品零售过程。

1.2.2 电子商务的运作过程

在电子商务环境下，商务实务的运作过程虽然也有交易前的准备、贸易的磋商、合同的签订与执行、支付过程等环节，但是交易具体使用的运作方法是完全不同的。

（1）交易前的准备：在电子商务营销模式中，交易的供需信息都是通过交易双方的网址和网络主页完成的，双方信息的沟通具有快速和高效率的特点。

（2）贸易的磋商：电子商务中的贸易磋商过程将纸面单证在网络和系统的支持下变成了电子化的记录、文件和报文在网络上的传递过程，并且由专门的数据交换协议保证了网络信息传递的正确性和安全性。

（3）合同的签订与执行：电子商务环境下的网络协议和电子商务应用系统保证了交易双方所有贸易磋商文件的正确性和可靠性，并且在第三方授权的情况下，这些文件具有法律效应，可以作为在执行过程中产生纠纷的仲裁依据。

（4）资金的支付：电子商务中交易的资金支付采用信用卡、电子支票、电子现金和电子钱包等形式以网上支付的方式进行。

1.2.3 传统商务与电子商务的比较

表 1-1 为传统商务与电子商务的流程比较，表 1-2 为传统商务与电子商务其他方面的比较。

表 1-1　传统商务与电子商务的流程比较

商务环节	传统商务	电子商务
获得商品信息	四大传统媒体	企业的 web 页面
购物申请	递交手写或打印的报告	发送电子邮件
产生订单	打印	电子邮件或 web 页面
发送订单	递交、邮寄或传真	EDI
库存检查	打印库存清单	在线数据库
提交生产计划	打印生产计划书	电子邮件或 web 页面
开具发票	手工或打印	电子票据、打印或手工
发送提货单及发票	递交或邮寄	电子邮件或邮寄
支付	汇票、支票和现金	EDI、电子支付
选择企业形象	门面、装潢、高楼	web 页面和服务允诺

表 1-2　传统商务与电子商务其他方面的比较

项目	传统商务	电子商务
交易对象	局部地区	全世界
交易时间	特定的营业时间	任何时候
营销活动	销售商的单方营销	一对一、一对多、多对一
顾客方便程度	受时空限制，还要看店主的态度	顾客按自己的方式无拘无束地购物
顾客需求	要用较长时间掌握顾客的需求	能迅速捕捉顾客的需求，及时应对
销售地点	需要店面	虚拟空间

1.2.4　传统企业面临电子商务引起的变革

学习电子商务除了要分析产生的商务活动流程及操作方式的区别外，更重要的是要研究电子商务的出现所引起的商务规则和理念的变革。只有这样才能使我们正确地从事电子商务。

1. 信息技术的变革

信息技术、网络的发展促进了经济一体化的发展，目前电子商务已成为世界上最流行、最可靠的电子商务媒介。传统企业投身电子商务首先必须考虑全面采用互联网技术。

2. 商务流程的变革

当今在电子商务中广泛采用了网络技术，使得电子商务与传统商务之间在实现方式等方面存在许多区别。企业的商务流程变革，源于企业必须提高整体效率去应对市场和客户。

3. 企业结构的变革

企业结构，特别是大集团企业结构，为了适应电子商务和经济全球化，必须重新调整。

4. 企业文化的变革

传统企业走向电子商务，意味着自己的商务半径在短时间内迅速放大，迫使企业经理人转而采用全球性的思维方式。

5. 竞争与合作的变革

电子商务在更大的范围内实现资源和优势的整合，力图建立更合理的经济生态环境。在这种环境下，协作重于单纯的竞争，这导致了电子商务时代在处理企业之间关系上的变化。

1.2.5　电子商务与传统商务的关系

前面分析了传统商务与电子商务之间的区别，以及电子商务引起的传统企业的一系列变革。但千万不要产生一种误解，认为传统商务与电子商务是完全不同的、对立的两件事，或者认为电子商务将会取代全部的传统商务过程。实际上，应该把电子商务看成传统商务的扩展和延伸。

我们需要的是创建一种能满足社会所有成员需要的商务模式，而这种模式肯定还要不断发展变化。电子商务发展的过程正好说明无数传统企业开展电子商务正是社会发展的必然产物。

1.3　电子商务交易标准概述

1.3.1　电子商务概念模型

电子商务的概念模型由交易主体、电子市场、交易事务、信息流、资金流、物资流等基本要素构成。

（1）交易主体：指能够从事电子商务活动的客观对象；

（2）电子市场：指 EC 实体从事商品和服务交换的场所；

（3）交易事务：指 EC 实体之间所从事的具体的商务活动的内容；

（4）物资流：指商品和服务的配送和传输渠道；

（5）资金流：指资金的转移过程，包括付款、转账、兑换等过程；

（6）信息流：既包括商品信息的提供、促销营销、技术支持、售后服务等内容，也包括诸如询价单、报价单、付款通知单、转账通知单等商业贸易单证，还包括交易方的支付能力、支付信誉、中介信誉等。

1.3.2　电子商务的组成

电子商务的基本组成要素有 Internet、Intranet、Extranet、用户、配送中心、认证中心、银行、商家等。

网络：包括 Internet、Intranet、Extranet 网络。Internet 是电子商务的基础，是商务、业务信息传递的载体；Intranet 是企业内部服务活动的场所；Extranet 是企业与用户进行商务活动的纽带。

电子商务用户：电子商务用户包括企业用户和个人用户。企业用户建立 Intranet、Extranet 和 MIS，对人、财、物、产、供、销等进行科学管理。个人用户利用浏览器、电视机顶盒、PDA（personal digital asistance）和 Visual TV 等接入因特网获取信息和购买商品等。

认证中心 CA (certificate authority)：认证中心是受法律承认的权威机构，负责发放和管理电子证书，使网上交易的各方都能够互相确认身份。电子证书是一个包含证书持有人的个人信息、公开密钥、证书序号、有效期和发证单位的电子签名等内容的数字文件。

配送中心：配送中心接受商家的送货要求，组织运送无法从网上直接得到的商品，跟踪产品的流向，将商品送到消费者手中。

网上银行：网上银行在 Internet 网上实现买卖双方结算等传统的银行业务，为商务交易中的用户和商家提供 24 小时的实时服务。

商务活动的管理机构：包括工商、税务、海关和经贸等部门。

1.3.3　电子商务的标准

电子商务的标准是电子商务规范化的前提，标准在国外电子商务的发展中受到了相当的重视，特别是在电子商务安全方面普遍存在标准先行的情况。

电子商务在全球不断升温，但在中国却有点水土不服，这和电子商务的标准问题有一定关系。特别是随着中国电子商务标准 cnXML 的提出，很多国内企业对于如何选择电子商务标准产生了困惑。

总的来讲，中国电子企业选择 RosettaNet 标准的居多，目前这个标准在中国市场是主流。相比之下，ebXML 的实施费用过高；cnXML 刚推出，有待更多企业加盟。下面本书将回顾电子商务标准的发展过程，以及 ebXML、Rosetta-Net、CnXML 这三种标准的具体内容和主要成员。

20 世纪 60 年代，欧美大公司之间专用 EDI 系统的出现掀开了早期电子商务发展的序幕。随后，按照各行业内部的 EDI 应用需要而制定的行业标准相继诞生。例如，TDCC（美国运输数据协调委员会）制定的运输业通用电子报文格式标准；ODETTE（欧洲电子数据交换组织）专门为汽车行业制定的标准；SWIFT 标准则是国际银行业广泛应用的 EDI 标准。

20 世纪 80 年代，为满足跨行业 EDI 应用的要求，美国国家标准协会于 1985 年公布了用于国内贸易的 EDI 标准——X.12，而欧洲则公布了用于欧洲地区贸易的 EDI 标准——GTDI（贸易数据交换指南）。这两个标准很快在北美地区和欧洲各国得到广泛支持，并形成了两大主要的标准体系，为促进北美地区和欧洲地区的跨行业电子商务应用奠定了基础。

20 世纪 90 年代，随着全球经济贸易体系的重组、国际贸易程序简化进程的深入，EDI 成为跨国多边贸易和各国简化国际贸易单证处理的主要手段。1989 年，UN/EDIFACT 标准的诞生进一步确立了 EDI 技术在简化国际贸易过程中所扮演的重要角色，这在全球掀起了"无纸贸易"的浪潮。EDI 以其高效、快捷、准确、可靠等特点一直受到国际大型企业的重视。但是，EDI 技术的复杂性、高额的成本使中小型企业望而却步。

1. 基于 XML 的电子商务标准

随着 20 世纪 90 年代互联网的逐步成熟和完善，尤其是 HTML 和 web 技术的出现，基于互联网的电子商务技术得到飞速发展。1998 年，可扩展置标语言（XML）的诞生进一步丰富了信息交换技术，基于 XML 的信息交换技术已成为当今电子商务的关键技术之一。XML 为 EDI 提供了基于互联网的解决方案，它将商业规则从商业信息中分离出来，保留商业信息原有的结构和内容在各应用系统间进行存储和处理。XML 的灵活性在为各企业制定信息交换规则提供便利的同时，也带来了企业须在各种不同交换规则间相互转换的麻烦。

为提高信息交换的效率，借鉴 EDI 标准规范的经验，有关公司、行业协会和国际标准化组织相继推出了一些基于 XML 的电子商务标准框架。这些标准框架的目标都是要通过互联网实现企业间高效、可互操作的信息交换和信息处理，其中比较典型的标准规范有 OBI、IOTP、eCo 框架、BizTalk、RosettaNet、cXML、xCBL 等。中国科学院电子商务中心正着手制定满足中国国情与商务习惯的电子商务标准 cnXML。

这些新兴的事实标准向传统标准发起了有力挑战。协调、交流和合作成为促进全球电子商务标准发展的必然。2000 年，UN/CEFACT 和 OASIS 两个分别代表着传统标准和新兴标准的制定组织共同在全球范围内发起了基于 XML 的电子商务标准框架（即 ebXML 标准）的研制工作，该项工作得到了全世界百余企业的支持和参与。目前，基于 XML 的电子商务标准主要有：

（1）ebXML：2001 年 5 月，第一批 ebXML 相关标准规范正式发布，ebXML 是全球基于 XML 的电子商务信息交换框架，它为全球各贸易参与方提供了一种可互操作的、安全稳定的电子商务信息交换模式。ebXML 是一系列构成电子商务模型框架的技术规范的统称，通过这些技术规范来构建一个全球电子化市场，在这个市场内不分地域和规模的各类企业能够通过交换基于 XML 的电子业务信息开展彼此间的业务。ebXML 力图建立一种基于开放式标准的电子商务理论框架，为电子商务的实施提供理论指导。

（2）RosettaNet：是一个致力于开发和实现全行业开放式电子商务流程标准的信息技术、电子元件和半导体制造业企业联合组织，基于 RosettaNet 的 B2B 系统整合有助于加速供应链的协作，增强企业核心竞争力。这个标准有广泛的业界支持，目前全球已有超过 400 家企业采用，而标准的实施成本少于 5 万美元，性价比相当高。英特尔就采用 RosettaNet 标准和 450 多家合作伙伴进行交易。据悉，RosettaNet 在中国将开展一系列标准推广计划，包括与政府部门、领先高科技公司及跨国公司成立电子商务工作小组，召开互操作性大会和泛亚地区峰会等。

（3）cnXML：2000 年，中科院软件所电子商务技术研究中心提出了以国际 XML 标准为基础、与国际其他相关标准可相互转换的、符合我国商业流程习惯与传统的 B2B 电子商务语法、具有中国特色的电子商务信息化规范 cnXML。cnXML 在数据结构上首次提出了中英双语标准的概念，不仅支持英文标签，还全面支持中文标签。在双语标准的构架下，国内企业在使用 cnXML 规范的时候不仅没有母语的障碍，在从事国际交易的时候又不会给国外企业造成语言上的新障碍，使各个交易方能够便利地与国内外其他电子商务交易语言进行交互。

2. 基于 web 服务的电子商务集成标准

ebXML 是一项庞大复杂的工程项目，它的最终实现还需要大量基础性标准和相关产品的支持，值得密切关注的是 web 服务技术的发展。

web 服务是指由企业发布的完成其特别商务需求的在线应用服务，其他公司或应用软件能够通过互联网来访问并使用这项在线服务。web 服务的目标是将软件转化为一种通过 web 订阅使用的服务。在 web 服务模式下，软件将运行于中央 web 服务器而非用户的 PC 机。这样，从理论上来说，用户就能够通过 PC 机、移动电话、掌上电脑或任一接入互联网的设备访问各种类型的应用与服务，并能够自动实现应用与服务的实时更新与升级。web 服务模式的核心是能够实现更简便的、基于 XML 的在线数据交换。

微软、IBM、Sun、Oracle 及其他有关厂商纷纷摈弃各自不同的技术标准，共同选定了 SOAP、WSDL 和 UDDI 三种基于 XML 的相关标准作为 web 服务的底层架构技术。另外，在 W3C 联盟及 OASIS 等业内标准组织的协助下，微软、IBM 等公司还计划进一步合作，共同制定对全球 web 服务市场发展至关重要的诸如安全与可靠性等方面的 web 服务标准。

1.3.4　电子商务标准的应用

电子商务标准：为了达到某种程度的统一而出现的对数据交换和流程交易的规范定制。

从当前的市场应用情况来看，电子商务标准基本上分为两层：底层的数据交换标准和高层的面向流程的标准。

数据交换标准：在信息化时代，企业依靠越来越多的管理信息系统实现运营，因此首先要解决数据交换问题。开发专用接口或统一数据格式成为人们常用的办法。但是在互联网上，这些办法似乎颇有束缚，因此，定制数据交换标准的需求应运而生。1998 年，国际标准化组织 W3C 推出 XML，解决了数据交换的标准问题。

面向流程的标准：相对于数据交换的标准来说，流程交易标准的制定困难许多。企业要进行商务，就要在不同商务平台之间进行对话，这不仅涉及企业间的数据交换，更涉及企业间业务流程的相互操作。

因此，面向流程的标准应该在实践中、需求中产生。

1.3.5　电子商务业务模式

1. 模式类型

根据目标群体和行业的差异，电子商务在线市场可以划分为 5 种不同的业务模式。

（1）单独型：由单个企业创建，连接自己的供应商和客户。如戴尔电脑和思科公司所建的在线市场。

（2）开放型：由行业联盟创建，或得到主要行业协会支持，向所有行业参与者开放。此类在线市场专注于协同服务的开发。如 Covisint，e-DAS。

（3）撮合型：一般是由独立的互联网公司创建，专注于为不同行业的买家和卖家进行交易撮合。如环球资源网站（www.globalsources.com）。

（4）专家型：专注于为用户开发特别功能，为适应不同行业的需要设计特定功能。如 Freemarkets，Logistics。

（5）平台型：依托互联网为基础，以数字交换技术为手段，为供求双方提供交易互动的电子信息平台，实现以数字化信息为贸易标的的商业模式。平台型电子商务试图从单独型、撮合型和专家型的单赢模式过渡到联合式、盟约式的共赢模式。如我国的数字贸易产业联盟。

在一定意义上，在线市场将改变企业的运作环境。摩根斯坦利称，一旦采用在线的形式，商业伙伴之间的交易流程将得到改善或重组。波士顿咨询集团认为：B2B 是根本性的变革。是否参与、怎样参与的问题被提上许多企业的议事日程，因为这是一个关系到竞争优势的问题。中国企业如何从使用互联网技术中获益？制定一个最合理的电子商务实施战略是最重要的，另外，选择一个或多个最合适的在线市场，是确保电子商务能够真正实施、能够真正获得效益的重要途径。

2. 应用实例

哪种模式最有生命力？这取决于多种因素。能够长期生存的将是那些在现货市场或积压库存市场进行简单拍卖，以及对价格敏感的产品进行买卖的机构。

目前，价格并不总是买家最优先考虑的因素。买家更关注同贸易伙伴建立长期合作关系，他们关心贸易伙伴能够提供哪些技术、服务水平怎样，以及能够购买其他产品的机会如何。现货交易平台是最容易设计的模型。这些公司中的大多数将会被淘汰,那些设法生存下来的公司将会转向其他模式,如能够支持企业专网的平台。

用户认为最有价值的交易网站应具有以下特点:能够获得公平价格、帮助协调产品设计流程、订单处理具有可见性,并在合作伙伴之间提供系统集成。

据调查显示,OEM 和 CEM 最希望从在线交易中得到以下信息:适时供货信息、价格比较、与大多数供应商和分销商的接触途径、与其他公司互动的选项,以及多种不同的零配件搜索机制。

NEC 公司面临的最大问题是,如何将电子商务作为已有采购渠道的补充。NEC 公司的 OEM 用户有 40~50 家,还可以再增加 100 家,同 4 家分销商合作。NEC 公司现在是采取倾听的姿态:设法了解网上公司在做些什么,他们怎样才能够配合我们的业务模式。NEC 也在权衡,是采用业界领先的联营方式,还是建造专用网。在专用网中,合作伙伴之间的连接可以在一个专用的、相对封闭的环境中进行。

NEC 是交易机构 Converge 的初创成员之一。Converge 是由康柏和惠普公司倡导成立的一家交易机构。当初决定加入这个联盟是为了参与制定起始标准。NEC 公司希望参与最基础的工作,协助确定业务交易方向。

NEC 也在建造专用网络,积极参与 RosettaNet 标准小组开发电子商务语言。该语言可以使合作伙伴之间开展各项活动更加便利,也就是进行设计协作。

同时,买家也在作类似的权衡,希望能够找到最佳模式,现在判断哪一种模式能够取得成功还为时尚早。联盟交易机构是一种值得注意的方式,它建立在许多大公司协同工作的基础上,优势与劣势并存。打个比方,使 20 个不同的公司以同一种方式开展业务绝不是件容易的事。没有人能够肯定正确的模型将是什么样子。

随着商业模型、服务和市场目标逐渐融合到一起,许多基于现货交易平台之间的差别逐渐消失,某些不明朗局面有望确定下来。

1.4　我国电子商务发展现状

1.4.1　我国电子商务发展概况

1998 年是世界的"电子商务年",新成立的信息产业部提出:推进国民经济信息化,要重点抓好企业信息化、金融电子化和电子商务这三个方面的工作。企业信息化是基础,金融电子化是保证,电子商务是核心。一场有关电子商务的研究和讨论热随之在国内掀起,我国的电子商务进入起步阶段。

金桥工程的实施,推动了我国信息基础设施的建设步伐,促进了我国因特网的普及和应用，为电子商务的实施打下了一定的物质基础。

金卡工程的实施，推动了我国一些商业银行的电子化进程，为电子商务的开展打下了基础。从某种意义上来说，金卡工程本身就是电子商务在我国的应用试点，并取得了显著的成效。截至 1997 年年底，首批 12 个试点省市全部实现了自动柜员、ATM 与销售点终端机 POS 的同城跨行（工、农、中、建、交等各商业银行）联网运行和信用卡业务的联营，这中间包括电子数据交换 EDI、电子转账 EFT 的实际应用，金卡工程的建设为实现网上支付与资金清算提供了很好的条件。例如，上海市商业增值网已连入金卡网络，这使得全市近百家大型商户建立了计算机管理系统，并与金卡网络相连。此外，中小型商场和超市、连锁店普遍采用收款机，可全面受理信用卡，初步具备了发展电子商务所需要的基本条件。

金贸工程是电子商务在经贸流通领域的应用工程，也是我国电子贸易体系建设的一项试点工程。商品交换是商品经济社会永恒的主题，研究市场经济、研究商品交易的学问是每一个企业在商品经济社会中求生存、图发展的必修课。金贸工程就是帮助企业，特别是帮助我们的国有大中型企业进行改革、走出困境、学会利用现代电子信息技术手段管理企业、研究市场、学会经营贸易、开创商品交易新模式的一项计算机应用系统工程。市场竞争规律的最终结果就是优胜劣汰。面对日益激烈、残酷的市场竞争，特别是面对国外跨国公司的竞争，我们的国有企业往往处于劣势。究其原因，除市场经济的"阅历"比较浅以外，还有两个重要原因：一是观念上的问题。有些企业的领导干部，在市场经济的环境下，还没有把"贸易"，也就是"市场"放在生死攸关的重要位置上，还在等上级或别人来保护与援救。二是手段上的问题。我们的很多企业，一直在用非常原始落后的方式经营企业、推销产品，总是跟在别人后面跑。国家经济贸易委员会和信息产业部共同推出的金贸工程，就是要引导并帮助企业运用全新的观念和方式进行运作，给每一个企业提供一个用先进的信息技术手段进行平等贸易竞争的环境。金贸工程的建设，对我国大中型企业的深化改革，对我国大型企业走向国际市场将会起到积极的推动作用。

1998 年 6 月 12 日，北京市率先启动了首都电子商务工程，该工程由北京市政府发起，将在安全认证体系、安全支付结算体系、协同作业体系、法律政策环境等方面进行实质性的探索和实践，将对我国电子商务工作起到极大的促进作用。

1.4.2　我国电子商务遇到的主要问题

最近几年，中国的因特网用户激增，至今用户数已超过 4 亿，在因特网上拥有自己域名的中国企业已达到几百万个。就因特网商务而言，已建立的中国国际电子商务网为全国外经贸企业提供了面向全球的电子商务网络环境。中国证券交易网、中国商品订货系统、中国金融结算系统、中国民航订票系统等一批以商务为目的的电子网络或电子系统，都有较快较大的发展。

但是，中国同其他一些发展中国家一样，有更重要、更迫切的社会经济问题亟待解决，不可能以一般发达国家那般的实力和激情投入电子商务的建设和实施。电子商务的兴起，对中国来说是挑战大于机遇。中国在电子商务发展过程中遇到的问题，远比一般发达国家多，不仅需要解决 EDI 商务由封闭到开放的转变问题、因特网商务中大宗交易的保密和安全问题，以及电子纳税及其管理问题等，还亟待解决一系列特有的主要问题：

（1）企业现代化问题。电子商务的构成有政府的管制行为和居民的消费或投资行为，但主要是企业的购销行为。因此，企业的发展与现代化程度直接关系到电子商务的基础。中国的企业正在改制中，现代企业制度尚未普遍建立，企业信息化起步不久，还没有全面推开。以作为经济主体的国有企业为例，1.5 万家大型企业上因特网的大约有半数左右，其中在网上有自己主页和 web 服务器的只有少数，已实施电子商务的是为数更少的进出口企业。还有 5 万家国有中小型企业，虽有一部分对实施电子商务比较积极，也取得了一定成效，但相当多数尚未认识到电子商务能给他们带来比大企业更为有利的机遇，认为电子商务距离他们比较遥远。所以，培育和开发企业需求，成为中国发展电子商务的基本功，而发展电子商务正是企业走向成功之路。

（2）市场成熟问题。中国的市场及其体系尚不健全、不规范，假冒伪劣商品屡禁不止，坑蒙拐骗时有发生，市场行为缺乏必要的自律和严厉的社会监督。在这种情况下，要发展电子商务，必须加速培育市场，使其尽快成熟起来，以利于传统商务向电子商务顺利转变。

（3）金融服务质量问题。电子商务的进行需要支付与结算，这就应有高质、高效的金融服务及其电子化的配合。由于金融服务的水平和电子化程度都还不高，中国的金融业亟须为适应全球一体化进程而加快变革步伐。

（4）信息网络的环境和条件问题。这几年中国信息基础设施的建设进展顺利、成绩显著，在沿海经济发达省市尤为突出。但从电子商务的要求来看，网络技术、网络管理、技术标准、消费水平、通信速度、安全和保密条件等各方面都存在较大差距。

（5）跨部门、跨地区的协调问题。参与电子商务的不仅仅是交易双方，更重要的是，它还涉及工商行政管理、海关、保险、财税、银行等众多部门和不同地区、不同国家，这就需要有统一的法律、行政框架，以及强有力的综合协调组织。

（6）人员素质和技能问题。电子商务是新生事物，它的知识亟须普及。全世界因特网网上的商业用户和家庭用户急剧增加，但因特网的使用者仍集中在年龄为 15～50 岁、中上收入水平、受过中等以上教育的中青年中，并以男性为主。对中国来说，特别需要提高商务人员的业务素质和网络技能。

显然中国不可能等到把上述问题都解决了，再来发展电子商务。唯一的出路是在发展电子商务的过程中，积极促成这些问题的逐个解决。

1.4.3　我国电子商务立法存在的问题

1. 缺乏规范性和权威性

从国外的经验来看，电子商务的立法应由国家最高立法机关通过一个权威性的示范草案，再由地方立法机关不断完善补充。联合国贸法会于 1996 年 6 月通过了《联合国国际贸易法委员会电子商务示范法》。示范法的颁布为逐步解决电子商务的法律问题奠定了基础，为各国制定本国电子商务法规提供了框架和示范文本。作为电子商务主导国家的美国，1994 年宣布国家信息基础设施计划，1997 年 7 月发表了《全球电子商务框架》，1997 年 7 月 1 日又正式颁布《全球电子商务纲要》。欧盟则于 1997 年提出《关于电子商务的欧洲建议》，1998 年发表《欧盟电子签字法律框架指南》和《欧盟隐私保护指令》，1999 年发布了《数字签名统一规则草案》。英国于 1998 年 10 月发表了《电子商务——英国的税收政策》。澳大利亚、日本、新加坡等电子商务发展较快的国家都提出了涉及电子商务法律建设的发展框架。

我国的电子商务虽然起步较晚，发展却非常迅速。目前，我国已经形成京津塘、长江三角洲和珠江三角洲三大高速发展区，再加上我国已加入世界贸易组织及网络交易安全形势严峻等因素，由中央立法已成为十分迫切的事。但是，从目前的情况来看，我国的电子商务立法并没有走从中央到地方这样一条路，而是地方立法先行。中国内地首部电子商务立法条例是广东省的《广东省电子交易条例》。随后，上海和其他许多地方及一些部委相继出台了一些电子商务法规条例。

地方及不同行政管理部门电子商务立法先行的做法反映了它们的实际需要，客观上有利于这些地方电子商务的发展和不同管理部门对电子商务发展的规范。但是，由于立法不是从全国的全局高度来考虑电子商务立法的原则、内容的，各地及不同管理部门的实际情况又大不相同，因而很容易造成中央与地方、地方与地方，以及不同管理部门之间的法规和利益冲突。我国现行的立法体制中，对中央立法和地方立法的规定极为粗疏。根据我国《立法法》的规定，我国地方立法机关能够制定法规的事项限于 3 个方面，即为执行法律、行政法规的规定，需要根据本地的实际情况作出具体规定的事项；属于地方性事务需要制定地方性法规的事项；除了《立法法》规定必须制定为法律的事项以外的其他事项；在法律尚未作出规定前，地方立法机构可以制定地方性法规。由于《立法法》规定得过于粗疏，使得中央立法与地方立法权限不清，地方立法往往与国家法律甚至宪法相抵触。另外，电子商务立法不统一，存在多头管理的情况，很容易造成管理上的混乱。因此，在电子商务立法被提上议事日程时，我们应注意这个重要的问题，应当由全国人大提出电子商务的立法框架，并就电子商务的立法原则、立法内容、有关部委及地方立法的范围和权限作出明确规定，以利于我国电子商务的顺利发展。

2. 在内容上还存在着一定的局限性

我国现有的网络立法，如《中华人民共和国计算机信息网络国际联网管理暂行规定》、《中国互联网络域名注册暂行管理办法》、《计算机信息网络国际联网安全保护管理办法》等，就其内容来说还停留在强调系统安全性方面，网络交易安全认证方面比较欠缺。这就使得许多准备从事网络交易的商家望而却步，从而影响这一商业运作方式的迅速发展。

在电子商务发展较快的大城市，虽然建立了一批 CA 认证中心，出台了如《首都电子交易规则》、《上海电子商务管理办法》、《南方电子商务 CA 认证规范》等一批探索性的立法规则，但是这些法规并不统一，并且几十个 CA 认证中心各自为政，给管理造成了一定的困难，阻碍了电子商务的进一步发展。

3. 尚须加强兼容性

随着电子商务的迅猛发展，电子商务立法已成为我国整个国家法制体系建设的重要组成部分。这就需要根据电子商务的要求对现有法律条文进行适当修改与完善，保证电子商务立法与我国其他法律法规的一致性，以规范电子商务市场，促进电子商务的发展。

目前，我国法律中与电子商务相关的有《刑法》、《合同法》、《著作权法》等。在这些法律中，可以适当增加对网络犯罪处罚的条款，增加对网络作品著作权保护的条款，在数字签名、身份认证，以及对合同的格式、电子合同的证据等相关内容方面可以适当加以明确、补充和完善。同时，要制定一些新的法律和法规，包括电子支付法、安全认证法、网上实名制法、网上知识产权保护法、电子商务税收征管法、电子商务准入规则、电子商务行为规则、数据电文和单证规则、电子商务纠纷处理办法、个人隐私保护条例，以及互联网企业恶意竞争惩治监管法规等。2010 年，中国互联网用户最多的腾讯与 360 两家公司的利益之争影响众多用户，还把搜狐、百度等多家互联网公司牵扯进这场恶斗。这一事件进一步凸显出我国加强互联网立法的重要性和紧迫性。另外，必须高度重视与国际电子商务法律的接轨。电子商务是全球的电子商务，电子商务无国界，因此必须高度重视我国电子商务立法与国际的接轨和协调。目前，国际上电子商务的立法活动进展很大，我国在电子商务立法过程中，要以联合国国际贸易委员会制定的《电子商务示范法》为参考，并在立法原则和指导思想上尽量与其保持一致，同时，要跟踪其他国家电子商务立法的发展情况，进一步研究国外利用法律调整电子商务交易的经验，对照我国电子商务的应用状况，提出符合我国实际情况并与国际电子商务立法基调吻合的法律法规，尽量减少和避免与发达国家主导制定的国际电子商务法则的冲突。

1.5　数字贸易产业的兴起

据统计，2006 年，中国上网用户突破 1.3 亿，手机上网人数激增，中国迎来了数字化新时代。

随着互联网的广泛应用，数字贸易已经深入到商业流程的核心，其战略作用越来越突出。在信息时代和网络经济的驱使下，企业不得不考虑重塑商务运作模式。2006 年 3 月，数字贸易诞生，作为"全球第一家数字贸易"，以 B-C-B 数字贸易模式，整合一切与民生息息相关的优秀商业资源，开创了网商新时代。

所谓数字贸易就是以互联网为基础，以数字交换技术为手段，为供求双方提供互动所需的数字化电子信息，实现以数字化信息为贸易标的的、创新的商业模式。

数字贸易产业联盟通过联合运营模式，倡导企业以统一的技术标准搭建全球公共数字贸易平台，并以消费主权资本论调动消费者参与的主动性，平台不提供商品，通过供求双方互动电子信息通道达成数字化信息的高速交换，将数字化信息作为贸易标的，在完成商品服务交易时实现收益。

数字贸易产业联盟针对人们的生活习惯采取多元媒介，它所借助的已不再局限于传统的互联网和个人电脑终端，移动通信设备、城市多媒体终端和互动数字电视已加入了数字贸易的行列，成为新兴媒介，数字贸易商务的远景变得更加多元化。数字贸易借助多元媒介得以将贸易服务的触角伸入人们生活的每一个角落，并且追随消费者走动的范围，为他们提供随时随地的便利，给他们带来网络生活方式及现实消费习惯的改变。

通过数字贸易，消费者将获得以下服务。

1. 个性化定制的网络生活管理平台

数字贸易作为"联合消费者"的消费者网上俱乐部及服务中心向"联合消费者"提供个性化定制的个人生活管理平台，数字贸易消费者通过网站可定制并享受个性化、针对性、实用性极强的网络服务，网站内容涵盖数字贸易消费者生活、工作、娱乐、消费等的各个方面，配合数字贸易特约商户服务网络可使数字贸易网站成为消费者不可多得的生活助理。

2. 消费折扣

消费折扣的概念不新，能跨行业、跨商户打折的消费者卡也很多，但是能像数字贸易这样提供如此大规模、大范围深入服务、个性化服务的并不多。

单一商户的消费者卡对消费者来说使用极不方便；小规模发卡商发行的卡因为特约商户网络的限制在服务及折扣上也不尽如人意；以售卡为赢利点的折扣卡服务网络及质量随着消费者卡数量的增加甚至饱和而不断下降。"通用贵宾卡"具备持久的赢利点，在服务上具备极强的延续性，而且特约商户网络的吸引力随着联盟商户的增加而不断加强，也就是说，数字贸易的吸引力将一直呈现持续上升的趋势，随着数字贸易影响力的不断增加，数字贸易可向持卡消费者提供的折扣商户数量、质量及折扣比例都将进一步加大。

3. 消费指引

数字贸易定位于持卡消费者的生活助理，从消费者实际生活需求出发，向消费者提供涵盖生活各个领域的生活资讯及促销商情。

持卡消费者从数字贸易消费指南网站及数字贸易消费中获得最新消费资讯、促销信息、价格咨询、选购常识等各类消费辅助信息，让消费者真正做到精明消费，避免上当。数字贸易通过网站、媒体、短信、俱乐部等多种手段向消费者提供价格查询服务及导购服务，使消费者真正享受到数字贸易的贴心服务。

4. 消费积分

数字贸易消费者在获得消费折扣的同时还可以获得消费积分服务，消费积分可用于网站兑换奖品、折价抵扣购物款项、参加数字贸易多重抽奖、作为支付物享受数字贸易其他各项增值服务等。

5. 网上优惠购物

数字贸易网站提供积分兑奖及积分购物等服务，作为数字贸易积分价值实现的重要途径，数字贸易提供消费者使用消费积分抵扣网站购物款项、积分全额兑换商品服务及积分竞拍等各项积分增值服务。

数字贸易的购物功能作为数字贸易消费积分的延伸，赢利并不是主要目的，重要的是实现积分增值，因此数字贸易将网上购物作为数字贸易消费让利的一部分向消费者提供各类优质低价商品，使消费者享受到数字贸易购物的优惠。

6. 多重抽奖

数字贸易提供短信抽奖、积分注册抽奖、城市消费抽奖及全国范围内年度抽奖等多重抽奖服务，中奖面广、奖额高，让消费者在消费的同时拥有获得重大奖项的惊喜。

7. 消费信誉保障

数字贸易作为联盟的组织者及管理者，有义务对特约商户进行考核及监督。

虽然数字贸易在拓展市场前期对特约商户的审批力度及约束力度有待加强，但是随着数字贸易影响力的不断增加，数字贸易将逐渐提高对特约商户的信誉保障力度，通过特约商户考核、信用评估（含消费者评价）制度等进一步加大对特约商户的管理力度，逐步树立数字贸易的权威性。

8. 其他各项增值服务

数字贸易向消费者提供的服务随着联盟商户的增加将不断增强，数字贸易以消费者生活需求为主线，将不断增加客户增值服务的内容、提高服务质量。数字贸易向消费者提供的服务越多，数字贸易的潜在赢利点就越多。

参 考 文 献

马军. 2003-8-1. 政府在电子商务法律法规建设中的作用. http://www.ciec.org.cn

王厚芹. 2002-7-23. 加拿大政府推动电子商务发展的主要措施. http://www.ciec.org.cn 2003 年 8 月 14 日

王厚芹. 2002-7-23. 美国发展电子商务的政策. http://www.mie168.com/E-Business/2002-07/5239.htm

第 2 章 不尽浪潮滚滚来

2.1 第一次电子商务浪潮

回顾我国电子商务的发展历程，第一次浪潮主要是以由新浪、搜狐、网易为代表的门户网站的建立与上市为代表。1999 年 7 月 12 日，当时一个名不见经传的网站——中华网在美国纳斯达克（NASDAQ）成功上市，IPO 规模达 9600 万美元，拉开了"中国概念股"进军全球资本市场的序幕。2000 年 4 月～7 月，中国互联网企业继续在 NASDAQ 上演好戏，新浪（募集资金：6800 万美元）、网易（IPO 规模：1.2 亿美元）、搜狐（IPO 规模：7300 万美元）等中国三大门户网站，分别于 2000 年 4 月 13 日、6 月 30 日、7 月 12 日相继上市。三大门户网站在 2000 年短短 3 个月中募集的资金达 2.6 亿美元之多，第一次让风险投资们注意到中国市场的巨大商机，带动了中国互联网企业的上市热潮，以及一大批互联网公司的兴起。

2.1.1 虚拟世界外星客 敢向江心立潮头

"男人的才华与长相成反比"，"2004CCTV 中国经济年度人物"颁奖典礼上，一个"外星人"的发言博得了全场的掌声，这个人就是马云——阿里巴巴董事局主席、CEO。这个自称丑陋的男人创立了全球最大的 B2B 网站，成为影响中国经济的年度人物。《福布斯》的封面文章曾这样描述他：凸出的颧骨，扭曲的头发，淘气的露齿而笑，拥有一副 5 英尺高、100 磅重的顽童模样，这个长相怪异的人有拿破仑一样的身材，也有拿破仑一样的伟大志向。

1. 马云的求学经历

马云从小就具有侠义精神，为了朋友，打了很多次架，也因此受到学校处分，被迫转学，老师和家长对他不抱任何希望。马云就读的小学、中学、大学，没有一个是名校。初中考高中，考了两次；高中考大学考了三次，其中第一次高考，数学只考了 1 分。1984 年，历经艰辛，马云终于跌跌撞撞地考入杭州师范大学外语系专科，离本科线差 5 分，但恰好本科没招满，马云很幸运地上了本科。

"我自己觉得：算，算不过人家；说，说不过人家，但是我创业成功了——如果马云能够创业成功，我相信 80％的年轻人创业能成功。"马云特意叮嘱记者，一定要把这些话告诉所有想创业的年轻人。

2. 马云的工作经历

1988 年，马云大学毕业后，在杭州电子工业学院作为讲师教英文及国际贸易。

1991 年，马云初涉商海，与朋友合伙成立了海博翻译社。成立第一个月，收入 700 元，但是，仅房租就支出了 2000 元。翻译社一度受挫，大家积极性锐减，不过马云依然坚定自己的信心，独自一人去广州批发一些小礼品，所得用于翻译社的日常运作。两年后，马云不仅使翻译社存活下来，而且举办了杭州第一个英语角，海博翻译社一度成为杭州最大的翻译社之一。

1994 年圣诞节后一周，在杭州电子工学院，来自西雅图的外教比尔在和马云聊互联网。两个人都不懂互联网，但这并不妨碍比尔讲得很激动，也不妨碍马云听得很激动。此时的马云，已经决定创业，而这也是马云第一次接触互联网。

1995 年年初，浙江省政府聘请马云为一个美国在中国的高速公路项目担任翻译。在西雅图，马云找到比尔，比尔带着他来到西雅图第一个 ISP 公司，即 VBN 参观。在两间狭小的房间里，几个年轻人面对显示器在不停地敲打键盘。马云不敢碰电脑，年轻人邀请他使用，对他说："想查什么，直接输入关键词就可以了。"随后马云打开 lycos. com，在里面输入了"beer"，出现了德国和日本的啤酒；输入"Chinese"，返回"No data"提示。马云问他们，为什么有的能搜索到，有的搜索不到。他们告诉他，要建立一个 homepage（主页），然后就可以搜索到了。

马云即刻想到要为海博翻译社制作一个 homepage。VBN 公司按照马云的要求，在海博的 homepage 上，放了服务内容、报价、邮箱等信息。9 点多钟的时候，马云离开，中午的时候，他打开信箱，收到了 4 封邮件，是一些客户来询问价格的，其中有一个是中国留学生的来信：海博翻译社是中国第一个出现在互联网上的企业。马云非常兴奋，他立刻联系 VBN 公司：你们在美国负责技术，我在中国找客户，一起做中国企业上网。

3. 马云的互联网创业萌芽

马云回国后，就酝酿着互联网创业的想法。1995 年 3 月的某天，马云邀请他的 24 位朋友来到家里，谈了自己的想法。他说到互联网创业，但是大家都听不懂，他自己也表达不清楚，最后 23 个人反对他的想法，只有一个人对他说：可以尝试去做一下。第二天，马云就去学校辞掉了工作，随后打电话给同在杭州电子工学院教计算机的何一兵说："我们一起干互联网。"

1995 年 4 月，马云和他的妻子以及何一兵一起凑了 2 万元钱，租了一个房间，开始创业了，交了租金以后，他们只剩下 200 元钱。这样，中国第一家互联网商业公司杭州海博电脑服务有限公司成立了。

1995 年 5 月 9 日，中国黄页（http：//www. chinapages. com）上线。马云从自己的朋友开始，将朋友公司的资料寄到美国，再将网页打印出来寄回中国给朋友看，以显示这些信息确实是可以在互联网上看到的。由于当时中国尚未大面积接入互联网，所以很多人都认为马云在说谎。马云为了证实自己说的是真实的，对朋友说：你可以打电话到美国、德国的朋友那问，是不是能看到网页上的资料，电话费我出。如果什么都没看到，那就算了；如果看到确实有这个信息，那么你们就要付给我们一点钱。当时，中国黄页的收费标准是：一个 homepage 3000 字外加一张照片，收费 2 万元，其中 1.2 万元给美国公司。那段时间，没人相信他，马云过着一种被视为骗子的生活。

望湖宾馆是马云的第一个客户。1995 年 7 月，上海开通互联网专线。为了证明自己没欺骗客户，马云决定在杭州上网给客户看。他找来一台电脑，从杭州拨长途电话到上海连接互联网，再通过互联网把望湖宾馆的照片和资料从美国传过来。结果花了三个半小时，望湖宾馆的照片终于出来了！焦躁得如热锅上的蚂蚁一样的马云欣喜若狂，委屈的泪水稀里哗啦地掉了下来。为了记录这一历史时刻，马云请了电视台记者进行了全程录像[①]。

1995 年，互联网上的网站还很少，中国黄页的效果很好。当时杭州望湖宾馆是唯一一个能在互联网上看到的中国宾馆。恰逢当时联合国妇女大会在杭州举行，很多代表到杭州后，都专程去望湖宾馆参观一下。随着发布小天鹅洗衣机、北京国安足球俱乐部等知名企业，中国黄页开始有了名气，同时马云在互联网界也有了名气。

为了更保险一点，马云找了杭州电信作为合作伙伴，对方出资占中国黄页的70％股份。1996 年，中国黄页的营业额达 700 万元，阿里巴巴的前身，应该可以追溯于此。杭州电信看好中国黄页，急于赚大钱；而马云则认为起步阶段不可能赚很多的钱。双方的分歧越来越大，马云打算放弃自己一手打造的中国黄页。1997 年年初，在收到外经贸部进京成立中国国际电子商务中心（EDI）的邀请后，他将自己所持的 21％中国黄页股份以每股 2、3 毛钱的价格贱卖给公司，拿回 10 多万元。

随后，马云带领自己的团队进驻北京。外经贸部给了中国国际电子商务中心200 万元启动资金，并且答应给马云团队 30％股份。随后，他的团队先后建立了外经贸部官方网站、网上中国商品交易市场、网上中国技术出口交易会、中国招商、网上广交会、中国外经贸等一系列站点。网上中国商品交易市场是中国政府

---

① 网易博客，http：//cgoogle. blog. 163. com/blog/static/6205361820080197274647/

首次组织的互联网上的大型电子商务实践，净利润达到了 287 万元。虽然取得了成绩，但是 30% 的股权承诺并没有得到很好的兑现。不过在此期间，借助经贸委的平台，马云结识了 yahoo 创始人杨致远。马云后来回忆这段在北京的日子，感慨道："在这之前，我只是一个杭州的小商人。在外经贸部的工作经历，让我知道了国家未来的发展方向，学会了从宏观上思考问题，我不再是井底之蛙。"

4. 阿里巴巴的创立

1998 年年底，互联网越来越热，1999 年 2 月，马云参加了在新加坡举行的电子商务大会，讨论的主题是亚洲电子商务。发言人大多数是美国人，讨论的模式主要是 eBay 等的模式。马云这时想到要做出一种中国没有、美国也没有的模式。

1999 年 3 月，马云带领自己的团队回到杭州。当时原先团队中的 6 人，加上从北京加入的，一共 18 人（后来有人戏称"十八罗汉"）。马云给大家 3 天时间考虑，是否加入这个团队，加入这个团队的条件是：每月只有 500 元的薪水。不过大家依然留了下来，在召开的第一次会议上，马云要求出资必须是闲钱，不能从家里要钱，因为这次创业可能失败，要做最坏的打算。

"如果把企业也分成富人穷人，那么互联网就是穷人的世界。因为大企业有自己专门的信息渠道，有巨额广告费，小企业什么都没有，他们才是最需要互联网的人。而我就是要领导穷人起来闹革命"；"弃鲸鱼而抓虾米，放弃那 15% 大企业，只做 85% 中小企业的生意"。马云要做的就是提供这样的一个平台，将全球中小企业的进出口信息汇集起来。

1999 年 3 月 10 日，团队在马云的家里不分黑夜白昼地工作，期间也为了某些设计方面的问题，发生激烈的争执。1999 年 10 月，阿里巴巴网站（中国站）推出，当时中国互联网更看好门户网站（当时，新浪、搜狐等门户大鳄们大行其道），而阿里巴巴这种 B2B（企业对企业的商业）模式被看做是在逆互联网潮流而动。同时在美国，业界将阿里巴巴模式列为继雅虎（门户）、亚马逊（B2C，即企业对消费者的商业模式）、易贝（竞拍模式）之后的第四种模式，而迄今在美国尚未有成功的类似 B2B 的企业。同年 10 月，在拒绝了 38 家风险投资后，马云接受了以高盛为首的投资集团的 500 万美元投资，度过了创业初期的寒冬。

与此同时，1999～2000 年，马云实施着另一个战略举措。他不停地飞往全球各地，尤其是经济发达地区，参加各类商业论坛。他用他那天才般的嘴巴疯狂地在每个论坛上讲述自己独创的 B2B 模式，宣传阿里巴巴。他每到一地，总是不停地演讲。他在 BBC 做现场直播演讲，在麻省理工学院、沃顿商学院、哈佛大学演讲，在"世界经济论坛"演讲，在亚洲商业协会演讲。他挥舞着他那干柴一样的手，对台下的听众大声叫道："B2B 模式最终将改变全球几千万商人的生意方式，从而改变全球几十亿人的生活！"

很快，马云和阿里巴巴在欧美名声日隆，来自国外的点击率和会员呈暴增之势！马云和阿里巴巴的名字就这样被《福布斯》和《财富》这样重量级的财经媒体所关注，于是，马云通过这种方式宣传阿里巴巴的图谋得逞①。

在阿里巴巴获得第一笔融资后，马云被安排与 yahoo 的最大股东软银老总孙正义见面。原定一个小时的演讲，马云刚说了 6 分钟，孙正义就打断了他，表示愿意投资他 3500 万美元。然而就在签约前的几天，马云有点后悔，他不愿意过早地稀释创业团队在企业中的股份，同时创业初期如果团队就失去了对企业的控制，对企业是非常不利的。他给孙正义发了邮件："希望与孙正义先生手牵手共同闯荡互联网……如果没有缘分合作，还会是很好的朋友。"孙正义给他的回复说："谢谢您给了我一个商业机会，我们一定会让阿里巴巴名扬世界，变成雅虎一样的网站。"最终阿里巴巴获得了软银 2000 万美元的融资。

5. 阿里巴巴的发展之路

除了演讲，马云也在思考阿里巴巴的核心竞争力在哪。马云生长在私营中小企业发达的浙江，了解中小企业真正需要的是什么。亚洲是最大的出口基地，聚集了世界上最多的中小供应商，而中小供应商往往缺少信息，信息都被大的贸易公司所垄断。如果阿里巴巴能够提供信息的交流平台，就能促进中小企业的发展。马云思考的结论是："小企业通过互联网组成独立的世界，这才是互联网真正的革命性所在。"

同时，马云认为 B2B 模式成功的关键不是技术和资金，而是诚信。尤其在中国，在线支付系统不完善、物流邮政网络落后、诚信缺失等因素会大大束缚 B2B 模式的发展。阿里巴巴通过传统的手段来实现诚信问题的解决，它推出"诚信通"服务，企业的诚信指数包括：第三方认证（即专业的认证公司会联合工商税务机构对企业的信息加以核实）、证书及荣誉（营业执照、组织机构代码证以及专利、荣誉证书等）、阿里巴巴活动记录（客户询盘、发布产品以及供求信息的数量）、资信参考人、会员评价等五个方面。

2002 年 3 月，阿里巴巴证实推出了"诚信通"会员服务，与第三方认证机构对注册企业进行认证。调查结果显示，诚信通的会员成交率从 47% 提高到 72%。虽然每年要收取 2300 元的"诚信通"服务费，但是，这一举措得到了更多人的支持。"诚信通"成了阿里巴巴主要的盈利模式之一，单是诚信通会员（虽然没有具体统计，但大多数人认为诚信通会员数大约是 19 万）这项服务，每天就可为阿里巴巴带来 100 多万元的收入。

---

① 网易博客，http://cgoogle. blog. 163. com/blog/static/6205361820080197534916/

6. 淘宝、支付宝——马云创造的两个神话

2003 年以前，易趣占据了中国 C2C（顾客对顾客）市场绝大多数份额，易趣成了中国 C2C 的代名词。淘宝网的推出，使局面发生了天翻地覆的变化。截至 2006 年 12 月，淘宝网注册会员超 3000 万人，2006 年全年成交额突破 169 亿元，远超 2005 年中国网购整体市场总量。2007 年 4 月 16 日，正望咨询（专注中国互联网与电信增值服务领域，从事行业研究与战略咨询的服务机构）发布了 2006 年度中国网上购物调查报告，报告显示，淘宝在被调查的五个重点城市 C2C 买家中所占市场份额超过 80%，易趣市场份额为 15% 左右，而拍拍网的份额则不足 3%。2007 年 10 月 30 日最新一期的 alexa 显示（世界网站排名提供商），淘宝位居中国网站流量第六位，成为中国访问量最大的电子商务网站。易观国际 2007 年最新电子支付市场的调查报告显示，在整个第三方电子支付厂商的市场中，支付宝以 53.29% 的市场份额排名第一。

在淘宝网成立前的一年，马云发现他的一个美国白领女性朋友的很多东西都是在网上购买的。这启发了一向怀疑顾客对顾客模式的马云，他想打造一个平台。在这个平台上，包括现有个人交易的所有模式，比如拍卖、一口价、讨价还价等。"无论是拍卖还是一口价，都是手段，目的就是为了帮助消费者买东西卖东西"，马云事后说。

2003 年 5 月 10 日，淘宝网推出。彼时 1999 年成立的易趣，经历了互联网寒冬之后，在中国电子商务市场一枝独秀。2003 年，eBay 投资 1.8 亿元，接管易趣，随后将其更名为 eBay 易趣（下文中提及的"易趣"即指"eBay 易趣"）。此时，可以说没有竞争对手。易趣 CEO 惠特曼同时与各大门户网站签订了排他性协议，即其他电子商务网站的广告不会出现在这些门户网站上，以此来封锁其竞争对手的宣传渠道。而淘宝网的免费模式，也是易趣要扼杀的主要对象。

在很长一段时间内，在各大门户网站上看不到淘宝的广告。而淘宝网采取迂回战术，在人流量很大的路牌、灯箱、车身、人气火热的论坛和个人网站、共享软件，以及电视媒体上投放广告；淘宝在网站界面上下大工夫，使得界面更友好、操作更简单，对比易趣的操作方式，更容易获取访客的好感；淘宝的公关人员时不时地发布信息，如淘宝又新增多少用户等，对易趣造成心理上的攻势。这些数字经过媒体的渲染，使得易趣有点坐立不安。截至 2003 年年底，淘宝一共吸收了约 30 万注册会员，其中也包含一部分易趣的会员。

虽然淘宝在宣传上获得了很大成功，但是如果只从广告上和易趣竞争，无异于以卵击石。不同于 B2C（商家对消费者），淘宝和易趣的交易模式是消费者对消费者。卖家为了保护自己的利益，通常的交易方式是"款到发货"，而在交易过程中，双方的货款和货物的质量都得不到保证。虽然成交量很大，但是交易金

额都比较小，买卖双方都处在一个试探性的阶段。如果不解决支付风险问题，市场发展一直不会有质的突破，买卖双方都在呼唤一个第三方的信用中介机构，而此时市场上并没有此类机构。

淘宝抓住了这个机会，在 2003 年 10 月推出了支付宝。其运作方式是，买家将钱先存在支付宝提供的第三方账户上，当收到货物，并且确认货物满意时，再将货款付给卖家。这大大降低了买家的风险，交易额和交易量都有了飞速增长，得到了买家和卖家的欢迎和支持。由此，淘宝的用户数量和交易量大幅度增加。

淘宝的成功与其出色的营销分不开。就在易趣与门户签订排他性协议的时候，淘宝在媒体上诉苦，博取传媒以及大众的同情；2004 年年底，冯小刚的贺岁大片《天下无贼》红遍全国，而与之合作的淘宝则借助傻根（电影男主角之一）的那句广告词"用了支付宝，天下真无贼"，更是一炮走红。

7. 收购雅虎中国以及阿里巴巴的上市

马云认为"搜索技术的运用将在未来电子商务的发展中起到关键性的作用，阿里巴巴公司将运用全球领先的搜索技术，进一步丰富和扩大电子商务的内涵，在 B2B、C2C 领域继续巩固和扩大自己的领先优势"。

2005 年 8 月 11 日，阿里巴巴宣布收购雅虎中国。包括雅虎门户网站、雅虎一搜（原来 3721 推出的搜索引擎）、雅虎即时通信工具、雅虎邮箱、3721 网络实名（原 3721 网络实名被雅虎中国收购）、一拍（拍卖网站）等。此外，雅虎还将支付阿里巴巴 10 亿美元现金，作为阿里巴巴重要的战略策略投资者之一。这次并购案，可谓中国互联网史上最大金额的并购案。至此，马云拥有了阿里巴巴（全球最大的 B2B 网站）、淘宝（中国最大的 C2C 网站）、支付宝（中国市场份额最大的电子支付工具）、雅虎中国（领先的搜索引擎）四大航空母舰，为马云构建电子商务帝国奠定了强有力的基础。

阿里巴巴一直是一个私募公司，在人们的眼里充满了神秘色彩。2007 年 11 月 6 日，阿里巴巴在香港联交所上市。开盘价为 30 港元，对比发行价 13.5 港元涨 122%，截至收盘，阿里巴巴股价为 39.5 港元，较发行价上涨 192.59%，成为港股新股王。阿里巴巴一跃成为中国互联网界首个市值超过 200 亿美元的公司，马云的"神话"还在继续！

2.1.2　三大门户放异彩　网络世界谱华章

1. 装机青年缔造华人第一门户

2001 年 6 月的一天，重庆某网吧里的一位 15 岁少女，看着网上关于王志东离职的消息，忍不住"哇"的一声大哭起来，眼泪从她那红扑扑的脸蛋上颗颗落下。旁边的人问她为什么如此伤心呢？她说："我的偶像，不是刘德华，而是王志东。"提到新浪网，就不得不提传奇人物王志东。王志东是谁？他是新浪网的创始人。王志东出生于 1967 年，广东省东莞市人，1988 年毕业于北京大学无线电电子专业。

1）装机青年　初涉网络

王志东毕业时放弃了出国留学深造的机会，毅然到中关村一家小公司（还不到 10 个人），专门帮人攒计算机、倒电脑，忙里偷闲的时候开发软件。因为编程能力强，他随后到北大方正，开发出中国第一款外挂式中文软件平台。1993 年 12 月 18 日，四通集团斥资 500 万港币，王志东、严援朝等人创立了四通利方信息技术有限公司。当时的办公室在中关村附近万泉河小学的两个房间，很快成为了一家非常优秀的软件企业。

互联网在世界范围内蓬勃发展，四通利方认识到这个新兴的行业，于 1996 年 4 月 29 日在中国国内创立了 SRSNET 网站（www. srsnet. com）。1997 年 10 月，在华登集团的牵线下，美国 3 家风险投资公司（创业投资基金、罗伯森·文蒂文森高科技投资银行等）对四通利方投资 650 万美元，此时四通利方的市值达 1500 万美元。

1998 年法国世界杯期间，四通利方网站通过 24 小时不间断报道世界杯赛况，创造了中文网站访问量的最高纪录，被法国官方网站指定为唯一授权的中文网站。这为四通利方以后探索互联网业务打下了基础。四通利方将 SRSNET 网站改版为"利方在线"，很快便在中国国内第一个推出了"中文门户"的概念。

2）以小博大　新浪诞生

1997～1998 年，王志东连续 3 次去美国硅谷"寻宝"，并确定开展全球华人互联网网站业务为公司今后的主要发展方向。创建于美国加利福尼亚"硅谷"的华渊资讯给他留下了深刻的印象。1995 年年初，由斯坦福大学的 3 位学生创办的"华渊网"，在我国的台湾开设有分公司，时任总裁是姜丰年（Daniel Chiang）。在与四通利方合并之前，华渊已经是美国最大的华人网。

1998 年 12 月 1 日，双方正式签署合并协议。协议签完的最后一天，姜丰年征求王志东的意见，双方合并之后的新网站名字叫什么？华渊资讯的英文名字是 SINA，姜丰年等人提出的新网站中文名字叫"赛诺王"，但是一直觉得字面上没有什么含义，并不理想。第二天，王志东建议新网站取名为"新浪"，从此，新浪网诞生了。

3）突破重围　逆势上市

1999 年，新浪准备在美国纳斯达克上市。王志东带领新浪的领导层，经历了 100 多场密集的路演，两周飞遍亚洲、欧洲、美洲。他说，"整个人累得掉了几层皮,半夜起飞,凌晨到达下一站,睡上 2~3 个小时,早上 5、6 点就得起床。几十场下来,演讲内容早已是倒背如流了"①。

新浪上市,不幸赶上纳斯达克跌幅最惨烈的一天。当天原定有 11 家公司上市,但是有 9 家临时取消计划,改为无限期推迟。而新浪决定逆势上市,2000 年 4 月 13 日,新浪在纳斯达克成功上市。发迹于中关村的新浪网,最终成为全球华人第一门户网站。

2. 网易　网聚人的力量

提及丁磊,可能很多人会比较陌生,而当说起网易、126 邮箱等耳熟能详的互联网应用时,相信很多人都听说过、使用过。丁磊的创业历程,是一个从白手起家到亿万富翁的经典案例,而他的成功也给无数立志创业的人树立了榜样。

丁磊自认自己不是那种聪明的人,高中时代他曾经是班级中的倒数第 6 名。1989 年,丁磊考入成都电子科技大学通信专业,由于对计算机感兴趣,经常到图书馆看计算机方面的书籍,还会去计算机系蹭课。

1) 4 年 3 跳槽

1993 年大学毕业后,丁磊被分配到家乡宁波市电信局工作。1993~1995 年的这两年里,他精心研究 Unix,但是单位里论资排辈现象很严重,年轻人没有多少机会,而每天所从事的工作都是重复、枯燥无味的,丝毫没有创新性和开拓性。

1995 年 5 月,丁磊独立一人离开宁波南下广州。事后有人问他为什么会选择广州?他直言"我选择广州,是因为小平南巡后,广州在当时是中国经济发展最快、最发达的地区",同时,"临近香港,人的思想意识比内地开放"。他在广州谋得一份工作,即在美国知名的数据库公司 Sybase 做技术。但是很快他发现即便在外企,工作也非常单调乏味,整天安装和调试数据库,很难有什么进步,于是他再次选择离开。

1996 年 5 月,丁磊应聘到了广州一家 ISP(互联网服务提供商)——飞捷电信做总经理技术助理。在此期间,他显示出对互联网的敏锐嗅觉,以及过人的技术。他架设了 Chinanet 上第一个"火鸟 BBS"(一种论坛程序,至今仍有很多论坛采用,如南京大学小百合等),并且认识了很多网友,这也为以后的网易虚拟社区奠定了基础。不过好景不长,由于当时电信资费过高等,业务没能正常开展,1997 年 5 月,丁磊最终选择了离开。

2) 自立门户　小试牛刀

4 年中 3 次跳槽的丁磊在 1997 年的那个 5 月里,对自己的前途思考良久,

---

① http://wenwen. soso. com/z/q158105038. htm

最后决定自立门户，干出一番事业。

1997 年 5 月，中国的互联网用户还不到 10 万人。网易就是在这个时间创立的。取名"网易"，主要是希望上网变得容易一些，这是一个非常简单的想法。网易成立的时候只有 3 个人，所谓的公司也只不过是一间 7 平方米的房间，他们就在这样狭小的空间里踏出了自己创业的第一步。

想经营 Internet 业务，就先得有台接入公网的服务器。为了能低费用甚至不花钱而将自己的服务器放进电信机房里，丁磊费尽心思。随后他向广州电信局提交了一份"丰富 Chinanet 服务，吸引上网时间"的方案。其主要内容是：目前 Chinanet 上的服务非常少，很难吸引用户上网，即便上了网，也因为没有很好的服务，停留时间很短。而网易提供的 BBS 服务则能吸引大量用户上网，并且能让网民一泡就是好几个小时。广州电信局领导一看这个方案，就觉得很好。一来，电信局不用出一分钱，二是这个服务也不会与电信局产生竞争，于是就同意了。直到现在，每每提及当初的那个方案，丁磊都开心不已，"这个方案几乎可以打动任何地方的电信局"。

在网易还没正式成立之前，网易 BBS 就已经上线运行了，由于前期火鸟 BBS 的影响力，网易 BBS 迅速获得了人气。同时，服务器上尚有 9G 的容量（虽然在现在看来非常小），于是又推出了免费 20M 个人主页空间服务。由于当时网络并不普及，个人主页并不为人所知，丁磊亲自发邮件给那些已经有个人主页的人，告诉他们网易免费提供空间，同时在其他网站做广告。随后，网易免费个人主页用户申请量大幅度增加，已经成了免费个人主页空间的招牌。

3）有心栽花　花不开

BBS 论坛、免费个人主页确实为网易积累了大量人气，但是公司要赚钱，这些项目并不能带来收益，丁磊不得不思考这个问题。正当处于迷茫时，国外的 hotmail 给了丁磊很大的启示，他决定在国内架设免费邮箱供用户使用。当他兴致勃勃准备用 10 万美元购入 hotmail 程序时，被告知需要 280 万美元，外加 2000 美元/小时的安装费。

收购不成，于是作罢，丁磊找来自己的伙伴陈磊华决定开发出一套邮箱程序。在一边开发免费邮箱的同时，他每天也在思考用什么域名最合适。某天的凌晨 2 点，丁磊突然从床上跳起，想到中国的数字发音清晰干脆，而且当时 163、169 是用户拨号上网的号码。于是，立刻拨号 163 上网，查询了 163.com，以及 163.net 域名，幸亏没有被注册。注册完这两个域名之后，丁磊又去睡觉，却再也睡不着了，他越想越美，就又从床上跳下来一口气注册了 188.net、188.com、166.net、166.com、126.net、126.com 等一大串域名。

7 个月之后，网易邮箱程序完工了，126 域名也注册好了，可谓是万事俱备，只欠东风。在向广州电信局申请增加免费邮箱服务时，他被拒绝了，广州电信不允许网易独立运营邮箱业务。丁磊异常着急，全国各地到处寻找合作方，每当对方提及"何时能赢利"时，他都老老实实地回答"不清楚，但是这个项目肯定有前途"，结果无功而返。丁磊不得不再次找到广州电信，提出 4/6 分成（网易 4、电信 6），此时电信受到启发，提出要收购网易邮箱系统，但是被丁磊拒绝了。而此时网易起初的 50 万元创业资金已经所剩无几，如果再没有收入，公司将难以为继，只能关门谢客。最终，丁磊不得不将邮箱系统出售给广州电信，同时电信又附加购买了域名 126. net。126. net 上线之后，用户数量飙升，此时全国各地都主动联系网易购买邮箱系统，像国内比较知名的邮箱服务提供商 163. net 等都是采用了网易的免费邮箱程序。而邮箱系统也为网易带来了几百万元的收入。

4）无心插柳　柳成荫

如果说网易想做中国的 Hotmail 是有心栽花，那么，做门户网站则是无心插柳。直至 1998 年 6 月之前，丁磊根本就没有重视过"门户"的概念。直到有一天，国外一个大型网络门户网站老板告诉丁磊，该网站一个月的广告收入就高达 25 万美元。这句话让丁磊猛然醒悟，他感觉到网络广告可能将会成为网站最有前途的收入。于是，网易就将首页改版，向门户网站迈进，改版之后不到一个月，访问数量大增。1998 年 7 月，以及 1999 年 1 月，由 CNNIC（中国互联网信息中心）投票评选出的十佳中文网站中，网易蝉联第一。而时至今日，网易已经成为目前国内最大的门户网站之一。

3. Charles 与搜狐

走下飞机舷梯，张朝阳感到一阵阵的寒意，他想不到 11 月初的北京竟会如此寒冷。搓了搓手，张朝阳拎起两个手提箱向机场外大步走去。外面，是他尚未触及的中国互联网事业。这一天是 1995 年 11 月 1 日，而前一天是张朝阳 31 岁的生日。也许他希望自己的生日能够为他带来一次"新生"；也许是对未来的不确定，才让张朝阳的回忆如此寒冷。张朝阳 1964 年出生在陕西省西安市，1986 年毕业于清华大学物理系，同年获得李政道奖学金赴美国麻省理工学院（MIT）留学，并于 1993 年年底获得博士学位。

1）借 ISI 过渡

张朝阳从小便有着数学家陈景润似的理想"坐在昏暗的小房间中，点着一盏煤油灯，每天只嚼着一个冰冷的馒头，苦心研究"。然而到了美国之后，他则变得非常反叛，即便银行没有一分钱存款，也要买车，还必须是敞篷的。1995 年 7 月，以 MIT 官方联络人的身份回国，遇到了当时年仅 34 岁便当上北京大学副校长的陈章良，这对他触动很大。与之前的迷茫一样，他也不知道要做什么，只知道要回到中国。

张朝阳想做一个类似美国在线的 ChinaOnline（中国在线）项目，但是限于没有任何资源，只得暂时搁置。他的一个美国同学创立了 ISI 公司（即学术界最出名的 Thomson 集团下的 SCI、SSCI 索引数据库），主要业务是收集各国商业信息，然后加工成商业数据库，出售给欧美公司使用。ISI 需要一个人在中国为其工作，此时张朝阳急于回国，便成了 ISI 中国首席代表，有了开头的那一幕。

2）第一次融资

1996 年 7 月，张朝阳利用其在 ISI 的业绩，开始融资之旅。被赶出办公室，在公用电话亭排队打电话，变成了家常便饭。最终，斯隆管理学院教授爱德华·罗伯特，以及其学生的儿子邦德愿意投钱，但前提是需要另外再有一个人投钱。张朝阳立刻想到了麻省理工学院媒体实验室主任、《数字化生存》的作者尼葛洛庞蒂。尼葛洛庞蒂是互联网的鼓吹者，本身也投了著名的热连线网站。最终张朝阳获得了到账的 18 万美元。

3）从爱特信到搜狐

拿到第一笔 18 万美元的天使投资之后，虽说要做互联网，但具体做什么，张朝阳自己也不知道。张朝阳的公司名字叫互联网技术公司（Internet Technology Company），英文缩写是 ITC。在去工商局申请的时候，工商局要求得有中文名字。最后按中文谐音，"爱特信"便诞生了，这就是搜狐的前身。

但是，此时的张朝阳并不知道要做什么，只知道互联网上存在大量机会。爱特信招聘的第一个员工苏米扬曾感慨地说"当年搜狐只有 4 个员工时，有一次张朝阳跟我们几个拿着黑板在上面画，讲他的宏图大志，说他要做中国的比尔·盖茨，我们私下觉得他傻得可以，因为，那时候我们好几个月都发不出工资了"[1]。郭庆临（搜狐元老级人物，现为搜狐副总编）当时也感受到这个公司与其他公司不同，在公司里不称呼老板张总，而是叫 Charles（张朝阳的英文名）。

1996 年 12 月 28 日，张朝阳花 2 万元搞了台服务器放进北京电信机房，这也是中国国内首例商业服务器托管服务。起初，他并不知道如何利用这台服务器，考察了国外一些网站的做法，觉得不可行。张朝阳尝试在网站栏目里放置了一些其他网站的链接，为网民提供服务，结果出乎意料，这种方式大受欢迎。将分类目录作为整个网站的发展方向之后，遇到了网站起名问题。有人提议"搜乎"，但是不够形象生动。最终选择了"搜狐"这个名字，主要是大家觉得张朝阳有些狐狸的鬼怪精灵、难以琢磨。同时，还想了一句口号"出门找地图，上网找搜狐"，从此，打开了中国网民通往互联网世界的神奇大门。

4）大胆出位　获第二次融资

从搭建服务器到建立网站，张朝阳一路摸索着走来，但是网站建好之后，名

---

[1]　http://baike.baidu.com/view/302971.htm

气实在太小。做广告、做活动吧，花费太大，起初的 18 万美元根本不够折腾。为此，他大伤脑筋。

这时，前面提到的《数字化生存》这本书，帮了他很大的忙。当时国内的海南出版社出版了《数字化生存》的翻译本，但是苦于当时人们对互联网的了解甚少，销量惨淡。偶然一个机会，一个 30 多岁的女人在北京街头发现了这本书，这个女人就是后来被人誉为"中国互联网先驱之一"的张树新（中国当时最大的网络电信公司——瀛海威的创始人）。此时的瀛海威已经获得 5000 万人民币的投资，张树新正想折腾出一些大的活动，于是组织人员策划邀请作者尼葛洛庞帝（也就是张朝阳的第一轮天使投资人）来中国做演讲。几经周折，现场翻译实在找不到合适的人选，这个重担落到了张朝阳身上。当然，这次活动上张树新最耀眼，不过张朝阳也没闲着。他不仅做现场翻译，还全程陪同尼葛洛庞帝，遇到媒体便称自己是尼葛洛庞帝的学生。其中有一张非常著名的照片能记录下张朝阳当时的迫切心情。那张照片里，张朝阳拼命地往张树新与尼葛洛庞帝中间挤。在这次访华事件中，张朝阳基本没花钱，却尝到了市场推广和媒体炒作的甜头。之后，他无师自通，成为一名非常卓越的个人品牌秀大师。时至今日，张朝阳也一直是媒体关注的焦点。

尼葛洛庞帝的此次中国之行，让张朝阳在短时间内获得了注意力。不过，此时爱特信现金已经消耗殆尽，亟待第二轮融资。

此时正好北京电信有一个 169 项目招标。如果全力以赴招标项目，也就是意味着目前手头上的网页制作业务得停下来，而如果招标失败，公司将再也没有资金来源，只能关门倒闭。这件事的重要性甚至被提交到董事会上讨论。由于第二轮融资尚未敲定，最终董事会为张朝阳提供了一笔 10 万美元的"乔治贷款"——如果竞标失败，将可以让张朝阳用这笔钱先"糊口"，把公司继续经营下去。但是这笔贷款也是有代价的：日后需要用利息和股权去偿还。这笔贷款到位之后，爱特信又撑到了 1998 年 3 月份。1998 年 4 月，搜狐几经周折，终于获得了第二笔风险投资，投资者包括英特尔、道琼斯、晨兴公司、IDG 等，共 220 多万美元[①]

5）纳斯达克上市

在拿到第二轮投资之后，张朝阳明显感觉到股东对收入要求的压力，而他的工作重心开始转移到跑客户上。"那个时候网页制作的收入大约有 10 万美元"，张朝阳回忆说，但在整个中国几乎没有人知道什么是网络广告，他只能在做网页的客户中试探着发展他的广告客户。后来网络广告成了搜狐最主要的盈利模式——到 1998 年，搜狐全年的广告收入已经达到 60 万美元。搜狐网站和他开发

---

① 张朝阳如何拿到首笔投资，http://31. toocle. com/detail-4565343. html

的诸多运营模式，开始成为后来者的样本。1999 年，搜狐推出新闻及内容频道，奠定了综合门户网站的雏形，开启了中国互联网门户时代[①]。

2000 年 7 月 12 日，搜狐公司正式在美国纳斯达克挂牌上市（NASDAQ：SOHU），从一个国内知名企业发展成为一个国际品牌。2000 年，搜狐收购中国最大的年青人社区 ChinaRen 校友录，确立国内最大的中文网站地位。2002 年第 3 季度，搜狐公司在国内互联网行业首次实现全面盈利，这是中国互联网发展进程中一个划时代的里程碑，带动了中国概念股在纳斯达克的全面飘红。2005 年 11 月，搜狐签约成为 2008 年北京奥运会互联网内容服务赞助商[②]。

2.2　第二次电子商务浪潮

与第一次浪潮相比，电子商务第二次浪潮更加多元化。随着百度、腾讯、携程网、盛大，以及一批 SP 公司的相继上市，中国互联网的第二次浪潮开始了。2005 年 8 月 5 日在纳斯达克上市的百度，将这次浪潮推到了顶峰。中国互联网形成了网络游戏、网络广告、即时通信、搜索、SP 等扎实的赢利模式，每一项都达到了数十亿的收入规模。

2.2.1　小企鹅　大帝国

说到腾讯，可能并不是所有人都知道，但是说到 QQ 那个可爱的企鹅头像，中国网民大抵无人不知、无人不晓。业界著名的科技市场咨询机构——易观国际近日发布了 2007 年度中国即时通信（IM）市场的最新报告。腾讯 QQ 继续维持霸主地位，其份额又悄然攀升了 2.3 个百分点，超过了 3/4。腾讯 QQ 所占份额从 74.9% 升到 77.2%，活跃用户量为 2.9 亿。

2004 年 6 月 16 日，腾讯控股（700.HK）在香港联交所正式挂牌交易。根据其每股 3.70 美元的发行价计算，腾讯拥有 62.2 亿港元的市值。腾讯上市，至少产生了 5 个亿万富翁、7 个千万富翁，而他们的平均年龄只有 30 岁左右。

2007 年 9 月 19 日，在港股登陆的腾讯公司（0700.HK）盘中一度涨至 45 港元，创下上市三年来的历史新高，市值突破 798 亿港元（约 102 亿美元）。这也是中国互联网上市公司市值首次突破 100 亿美元。

然而如此光环下的腾讯，在发展的历史中也曾迷茫过，也曾因找不到盈利模式而打算抛售。

---

① 搜狐网站简介，http://www.rocway.com/seo/asohu.asp
② 搜狐公司，http://corp.sohu.com/indexcn.shtml

1. 马化腾简介

马化腾

性别：男

籍贯：广东潮阳

出生日期：1971 年 10 月

毕业院校：深圳大学

专业：计算机专业

学历：本科

个人经历：

1989.9～1993.7　深圳大学计算机专业

1993.4～1998.10　工程师　润讯通信发展有限公司

1998.10 至今　首席执行官　深圳市腾讯计算机系统有限公司

2. 腾讯的发展历程

2006 年 5 月，淘宝网推出招财进宝没几天，腾讯的拍拍网（C2C 网站）就进行了蚂蚁搬家活动，打出三年免费的口号，就此引发了马云与马化腾的口水仗。"我自己认为挖人很累，互联网同行竞争应该遵守一定的游戏规则，光靠挖人很难做到创新。而现在腾讯拍拍网最大的问题就是没有创新，所有的东西都是抄来的"，马云感慨道。"马化腾是业内有名的抄袭大王，而且他是明目张胆地、公开地抄……"，原新浪 CEO 王志东对此毫不忌讳。

腾讯的创业过程中，"模仿"起了很大的作用，从最初的 OICQ 到最近的 QQZONE 等，无不有"模仿的痕迹"。但是，纵观腾讯的发展过程，它的成功并不是简单的"抄袭"就能达到的。

1）创立腾讯前的马化腾

当计算机的无限魅力呈现在马化腾面前的时候，当时这个中学生就被深深地吸引，高考时，他毫不犹豫填了计算机专业。在深圳大学，他刻苦学习计算机知识，他所崇拜的偶像就是那些顶级程序员。大学四年里，马化腾的计算机水平达到了令老师和同学刮目相看的地步，经常为学校计算机系统等提供很好的解决方案。此时的马化腾就已经具备了自己的想法——要把技术转化成生产力，转化为财富。

1993 年，大学毕业后，马化腾去了很出名的传呼通信企业：润迅，专业从事寻呼软件开发工作。很多程序员都把自己的成果当做自己智力高的表现，而马化腾则认为应该把技术转化为产品，让更多的人来使用它，从而创造价值。在润迅的这段时间里，马化腾更坚定了自己的想法，就是软件要实用，要推向市场。

　　1992 年以后，炒股大潮席卷深圳，牛市冲天，马化腾也加入了炒股大军。但是，马化腾炒股时，在计算机上安装一种板卡，就能通过网络来显示股票走势图，这大大方便了那些不方便到证券交易所的股民。马化腾和朋友们仔细研究了市场上现有的板卡，取长补短，"模仿"出性能更优的板卡——股霸卡。由于股霸卡性能卓越，很快风靡深圳市场，曾一度断货脱销；另外，马化腾在股市也得心应手，很短的时间内就拥有了百万，而这也为他以后创业奠定了基础。

　　马化腾意识到可以联网的股霸卡能够转化为财富，将眼光投向了互联网。然而，润迅是个通信企业，并且当时寻呼业非常火爆，润迅对互联网并没有兴趣。在润迅的主管位置上，马化腾需要花很多精力在研发寻呼系统上。他逐渐意识到自己的兴趣与所从事的职业有矛盾，所以萌发了互联网创业的想法。但是，他也有所顾虑，不确定做互联网是否有前途，是否能实现自己的价值。

　　2）马化腾创立腾讯

　　就在丁磊（网易创始人）感慨"人生就像一盒手榴弹，你永远不知道会拿到哪一颗"后，没多久，丁磊将自己花了 7 个月开发的邮件系统以及 163. net 域名以 119 万元人民币卖给了广州飞华（后来 163. net 以及飞华被 tom. com 收购）。这启发了马化腾：互联网必将发展起来。他决心投身互联网创业。

　　1998 年 11 月，马化腾与他的大学同学张志东一起创办了腾讯，开发网络无线寻呼项目，由于初期前景不明确，他们只是想在寻呼和互联网之间找到某种机会。当时 ICQ（一款国外的聊天工具）风靡全球，ICQ 在中国也占据了很大的市场，同时市场还存在 PICQ、CICQ 等 IM（即时通信）工具。但是，正如前文所说，国外的东西到了国内，往往缺少本地化，不符合中国的国情。使用 ICQ 聊天时，聊天记录以及好友列表只能保存在本机电脑，如果你换一台电脑上 ICQ 的话，聊天记录和好友列表就都消失了。而当时，中国并没有普及电脑，大家上网主要在网吧、公司等地点，所以 ICQ 的本地化缺失，给了马化腾启示。随后，马化腾与张志东用了数月时间，开发出符合中国用户习惯的 ICQ 类似产品。腾讯将此命名为 OICQ（Open ICQ）。

　　1999 年 2 月，腾讯推出 OICQ 的第一个测试版本，并放在网上免费下载。虽然其功能简单，但是界面设计令人称赞。简洁实用的风格赢得了在校大学生的喜爱，很快，OICQ 就以大学为中心，以惊人的速度向社会发散开来。腾讯一边开发寻呼系统，一边用赚来的钱来养活 OICQ，但是，OICQ 用户以惊人的速度增长，不到一年的时间，OICQ 用户就达到了 500 万。

　　然而，随着用户数量的暴涨，服务器托管费用同样以惊人的速度增长，对于当时小作坊式的腾讯来说，这笔费用是非常大的一笔支出。马化腾曾说，当时我们什么项目都接，网站设计、系统开发等，我只想让公司活下去。面对随之而来的困难和挫折，加上不懂市场和市场运作，腾讯拿着 OICQ 去找运营商时，经常被拒之门外。即使有意向收购 OICQ 的公司，谈得也很艰难，一连谈了好几家，出价最高的一家是 60 万元。

3）腾讯的第一次转机：获得第一笔风投

就在马化腾陷入两难的时候，1999 年 7 月，丁磊拿到了网易第一份融资协议，金额为 100 多万美元。马化腾看到了希望，互联网还有新的活法，为此他打消了卖掉 OICQ 的打算，决心做大 OICQ。后来他庆幸没有 60 万元把 QQ 卖掉。

为了获得风投，马化腾和张志东做了好几套商业计划书，四处寻找风险投资，但是，每封信都石沉大海。转机终于出现，1999 年的深圳高新技术交易会（高交会）上，腾讯 OICQ 的市场占有率以及暴涨的用户数吸引了风投，最终，腾讯获得了 IDG 和李泽楷（李嘉诚之子）旗下盈科数码 220 万美元的投资，但是为此付出的代价也很高：让出了腾讯 40% 的股份。

尽管有了一笔钱，暂时没有生死存亡的担忧，OICQ 的注册人数继续以疯狂的速度暴增，但是腾讯依然没有盈利模式。腾讯的第一次盈利模式探讨，应该是 2000 年 7 月 25 日一个新版本的 OICQ。在那个新版本的 OICQ 中，在聊天窗口的右上方，出现了一个广告条，这可以算是腾讯摸索盈利模式的第一步。然而面对暴增的用户，这点广告费对于服务器的费用，只能算杯水车薪。投资方盈科数码对腾讯的态度模棱两可，投资的钱除了被用来买服务器外几乎见不到回报，甚至腾讯又回过头来借钱。2000 年，盛传腾讯要全面收费或者被收购，因为 OICQ 停止了新用户的免费注册，业内人士都认为腾讯没钱了。

4）腾讯的第二次转机：移动梦网

就在 2000 年年底，腾讯再次出现转机。2000 年年底中国移动推出"移动梦网"，移动梦网采取手机代收费的"二八分账"协议（运营商分二成、SP 及服务提供商分八成）。当时，腾讯拥有将近 1 亿的用户，这些用户中有很多是有消费需求的，但是，腾讯却苦于没有收费渠道。移动梦网一推出，腾讯迅速开展收费会员业务，限制网站上注册，并开展了移动 QQ 业务。这成为腾讯收入的重要组成部分，每月 5 元的资费和便利的短信通道迎合了大量 PC 上的 QQ 用户，这个与运营商"二八分账"的业务甚至在 2002 年占据了腾讯公司 70% 的收入来源。

5）腾讯开始尝试盈利模式的探索

另外，盈科数码进退维谷的状态持续了几个月。而此时 IDG 推荐与其有过合作的南非 MIH 集团（MIH 为纳斯达克和阿姆斯特丹两地上市公司，最主要的业务在南非，是南非最大的付费电视运营商），让盈科得以在 2001 年 6 月以 1260 万美元的价格将其所持腾讯控股 20% 的股权出售。MIH 进入腾讯时，腾讯正处于盈亏平衡点，这不得不归功于马化腾的"模仿"。

马化腾参考了当时著名的休闲游戏运营商——联众的会员模式，采取免费会员与收费会员相结合的运营模式。虽然收费会员只有百分之几，但是腾讯拥有庞大的会员群体，即使对 1% 的会员收费，都是一笔不小的收入；同时，马化腾看到了网络游戏中的个性化形象，腾讯很快开发出了 QQ 秀，即用户可以花钱购买自己的形象，如衣服、发型等。QQ 秀一直延续到现在，也为腾讯贡献了很多收入。腾讯的赚钱速度和注册人数一样暴涨，就在腾讯收支平衡后的一个月，2001年 7 月，腾讯就实现了盈利，并于 2001 年年底实现净利润 1022 万人民币。同年 3 月，由于受到美国 ICQ 的版权官司影响，OICQ 改为 QQ。

　　腾讯的业绩在 2002 年和 2003 年以惊人的速度增长，这两年，腾讯一方面推出 QQ 行、QQ 秀等一些新业务，另一方面又不断"模仿学习"，学着新浪推出短信、图片，以及短信铃声下载；学着网易推出交友业务——QQ 男女；学着盛大开发网络游戏。2002 年，腾讯的利润达到 1.44 亿元，也因此，外界传言有意收购腾讯的公司络绎不绝，但马化腾称，真正与腾讯谈过合并的，只有王志东执掌时代的新浪。2003 年，腾讯净利润为 3.38 亿，比 2002 年又翻了近 1 倍。尤其值得一提的是，2003 年，腾讯相继推出了多项重量级产品，为以后的发展奠定了强有力的基础。腾讯的 QQ 游戏推出后，由于和 QQ 号码捆绑，加上简洁实用的界面，很快占据了市场，2004 年就超越了联众、中游等在线游戏平台，成为中国最大的休闲游戏门户；2003 年 9 月，腾讯又推出企业级实时通信产品"腾讯通"（RTX），标志着腾讯公司进军企业市场，成为中国第一家企业实时通信服务商；2003 年 12 月 15 日，腾讯一款最新的即时通信软件——tencent messenger（简称腾讯 TM）对外发布，提供给办公环境中和熟识朋友即时沟通的网友下载使用。2003 年 12 月，腾讯推出的 QQ 门户网站 qq.com，很快成为年轻人的门户，一跃成为中国的四大门户网站之一，根据 2007 年 10 月 7 日最新一期 alexa（世界网站排名服务机构）排名，qq.com 位居中文网站排名榜第二位，仅次于百度。

3. 腾讯上市

　　网络造富神话再次显现。这一次，轮到 QQ 的主人腾讯。

　　关于上市地点，"在承销商里，有六家建议在香港，四家建议在纳斯达克，三家建议两边同时上，搞得我头都大了。香港上市公司的平均市盈率比美国低，但如果我是香港的龙头股呢"，马化腾回忆道。从顾问的建议中看出，腾讯选择香港上市无疑把握会更大一些，尽管香港上市公司的平均市盈率要比美国低。选择香港上市无疑更符合马化腾的理念。

　　2004 年 6 月 16 日，腾讯 QQ 在香港挂牌上市，上市简称为腾讯控股，股票代码为 0700，HK。在此次上市中，其超额认购的首次公开募股（IPO）带来总计 14.4 亿港元的净收入。香港零售发行部分获得 67 亿股的认购申请，超额认购达 158 倍。由此，腾讯顺利地完成了自己的资本跳跃。腾讯以每股 3.70 港元的价格发售了 4.102 亿股，募集资金达 15.5 亿港元。高盛（亚洲）是此次上市的全球协调人及保荐人。

腾讯上市，造就了 5 个亿万富翁，7 个千万富翁。根据持股比例，马化腾因持有 14.43% 的股权，账面财富为 8.98 亿港元；张志东拥有 6.43% 的股权，账面财富为 4 亿港元；另外三位高层曾李青、许晨晔、陈一丹共持有 9.87% 的股权，三人的财富合约 6.14 亿港元。而腾讯最大的股东 MIH，更是大获丰收。早在 2001 年 6 月，MIH 收购了盈科数码转让的 20% 股权，从而持有腾讯 46.5% 的股权。而之后，IDG 又将手中的 7% 股权一份为二卖给腾讯创业团队以及 MIH，这样 MIH 就拥有腾讯 50% 的股权。而腾讯的上市，使得 MIH 拥有的腾讯市值高达 23.33 亿港元。仅 3 年时间，MIH 的投资获得了 7 倍的升值。而如果盈科以及 IDG 没有出售腾讯股权的话，那他们的投资将会获得 70 倍的收益。

4. 继续发展的腾讯

由于腾讯庞大的会员数，加上腾讯的"模仿能力"，腾讯越来越朝着多元化的方向发展，门户、游戏、搜索、电子商务等。而与此同时，腾讯的发展越来越让其他公司担心，腾讯俨然成了 .com 们的公敌。但是，腾讯依然取得了骄人的成绩。

（1）2005 年 2 月 16 日，腾讯 QQ 的同时在线人数首次突破 1000 万。自 2000 年 5 月腾讯 QQ 的在线人数突破 10 万以来，仅用了 4 年时间就达成了 100 倍的增长。

（2）收购 Foxmail，酝酿推出腾讯邮箱系统。

（3）2005 年 9 月，推出 C2C（顾客对顾客）网站拍拍网，不久之后，发展成为国内比较大的 C2C 网站之一。

（4）2006 年 3 月，推出 soso 搜索引擎，发力搜索市场。

（5）2007 年 7 月 13 日，腾讯 QQ 同时在线用户数突破 3000 万，相当于我国香港、台湾地区人口，再加上新加坡人口的总数；接近韩国人口总数，超过朝鲜人口数。这个数字的突破，证明了中国互联网行业的飞速成长。

（6）2010 年 8 月 11 日腾讯公布 2010 年上半年财报[①]：①总收入为人民币 88.952 亿元（13.099 亿美元），比 2009 年同期增长 65.3%。②互联网增值服务收入为人民币 69.694 亿元（10.263 亿美元），比 2009 年同期增长 71.6%。③移动及电信增值服务收入为人民币 12.924 亿元（1.903 亿美元），比 2009 年同期增长 42.1%。④网络广告业务收入为人民币 6.019 亿元（8，860 万美元），比

---

① 腾讯第二季度财报. 2010-9-28. http://tech.qq.com/zt2010/tencent10q2/

2009 年同期增长 54.5%。⑤毛利为人民币 60.839 亿元（8.959 亿美元），比 2009 年同期增长 66.1%。毛利率由 2009 年上半年的 68.0% 升至 68.4%。⑥经营盈利为人民币 45.198 亿元（6.656 亿美元），比 2009 年同期增长 76.3%。经营盈利率由 2009 年上半年的 47.6% 升至 50.8%。⑦期内盈利为人民币 37.336 亿元（5.498 亿美元），比 2009 年同期增长 65.5%。净利率由 2009 年上半年的 41.9% 升至 42.0%。⑧本公司权益持有人应占盈利为人民币 36.997 亿元（5.448 亿美元），比 2009 年同期增长 66.1%。⑨每股基本盈利为人民币 2.039 元，每股摊薄盈利为人民币 1.990 元。

（7）qq.com 跃居为中国流量最大的门户网站，2010 年 9 月 28 日，根据最新的 alexa 排名，qq.com 位居中文网站第二位。

2.2.2　众里寻他千百度

面对互联网浩瀚的信息量，人们往往不知所措，不知道去哪里寻找自己所需的信息。对于传统的分类目录，不仅耗时，效果也不理想。百度的出现，使得人们检索信息更快捷简便，使普通网民可以更好地使用互联网搜索。

2005 年 8 月 5 日，百度在美国纳斯达克证券交易市场上市。短短几个小时内，百度创造了神话，一个年轻的中国互联网公司，以 27 美元的发行价入市，首日最高价冲到 151.21 美元，首日收盘于 122.54 美元，涨幅达到 358.85%，当日市值 39.58 亿美元。百度，是自 1999 年以来在上市首日表现最为出色的股票，在所有在美上市的外国企业中，上市首日的表现最佳。由此，百度也成为美国历史上在上市首日表现最为出色的 10 大股票之一。

2007 年 9 月 25 日，中国互联网络信息中心（CNNIC）在互联网大会发布了备受关注的 2007 年中国搜索引擎市场调查报告。CNNIC 报告显示，在用户首选（最优先使用）的搜索引擎中，百度首选市场份额达 74.5%，占用户首选搜索引擎市场的 7 成以上。

虽然有各种各样的质疑：MP3 版权问题、点击欺诈、竞价排名争议等，但是"有问题，百度一下"，百度已经成了中文搜索的代名词。

百度在无限风光的背后，也曾经遭遇过弹尽粮绝、迷茫失落等企业创业中遇到的问题。下面就让我们来了解李彦宏、了解百度的创业史。

1. 百度创始人李彦宏

李彦宏，男，1968 年出生于山西阳泉。

1987~1991 年　北京大学信息管理专业（图书情报专业）本科。

随后，李彦宏赴美国布法罗纽约州立大学完成计算机科学硕士学位。在美国的 8 年间，李彦宏先后担任了道·琼斯公司高级顾问，自行设计了《华尔街日报》网络版实时金融信息系统；国际知名互联网企业——InfoSeek 资深工程师，最先创建了 ESP 技术，并将它成功地应用于 INFOSEEK/GO. COM 的搜索引擎中。他为道·琼斯公司设计的实时金融系统，迄今仍被广泛地应用于华尔街各大公司的网站，其中包括《华尔街日报》的网络版。

1996 年，他首先解决了如何将基于网页质量的排序与基于相关性排序完美结合的问题，并因此获得了超链分析的专利。

1999 年年底，他携风险投资回国与好友徐勇先生共同创建百度。

2. 百度的发展历程

提到百度的创立，不得不提一个人，徐勇。

1）李彦宏在美国

道·琼斯公司毕竟是一个金融公司，对技术没有敏感性，所以李彦宏的超链分析专利也就没有用武之地。在加拿大一个互联网的学术会议上，李彦宏介绍了超链分析的应用与前景，与会的很多著名 IT 企业都表达了浓厚的兴趣，最终 Infoseek 的威廉·张打动了李彦宏。虽然李彦宏一直在做搜索技术，但对于如何将搜索技术转化为商用，也不是很了解。到 Infoseek 后，一开始，威廉·张以及优秀的工程师跟他一一讲解需要注意的细节问题、难点问题以及一些技巧。

然而 1998 年，Infoseek 公司的决策者们将公司的发展方向定位为传统媒体，由此，对搜索引擎技术的重视程度越来越低，这无疑与李彦宏加入 Infoseek 的初衷相背。随后，他又经历了很多背离原先发展方向的策略。在这样的氛围里，他感觉无法将自己的技术付诸现实，同时李彦宏经常被国内邀请回国参观考察，他一直在寻找属于自己的创业机会。

1998 年 4 月，李彦宏与威廉·张去澳大利亚参加世界互联网大会。这次会议，与会者一半左右都与搜索引擎有关，大家纷纷与他交流。在这次会议中，有两个人，也曾与李彦宏交流过，一位叫塞吉·布林（Sergey Brin），一位叫拉里·佩奇（Larry Page），没多久，这两个当时只有 20 岁出头的年轻人创立了 Google。Infoseek、Yahoo 相继被 Google 打败。这坚定了李彦宏做搜索引擎的决心。

2）创业萌芽

时间到了 1999 年，当时互联网正值发展的高峰，门户网站、BBS 正如火如荼地进行。当李彦宏提出搜索引擎的想法时，遭到很多人的不解及嘲笑，因为在大家看来，门户网站只需自己有个站内搜索，就足以满足网友的需求。而李彦宏看到的是，未来随着互联网的普及以及技术的发展，网络上的信息量将会越来越巨大，面对海量的信息，网民会淹没其中而不知所措。

俗语有云："男怕入错行"，创业亦然。只不过李彦宏看到了一个潜在的行业，看到了未来的发展趋势。他回到美国，找到了自己多年的好友——徐勇。徐勇，1982 年毕业于北京大学生物系，1989 年完成生物硕士学位后，获美国洛克菲勒基金会博士奖学金，赴美留学。在美国的 10 年期间，徐勇先后任两家著名的跨国高新技术公司（QIAGEN，Inc. 和 Stratagene 公司）的高级销售经理，并且获得过杰出销售奖①。1998 年，徐勇作为制片人之一拍摄了大型专题纪录片《走进硅谷》，深度探求了硅谷成功背后的种种因素。在硅谷，他多次应邀给来自中国大陆的高级政府官员介绍硅谷的风险投资机制和创业文化。

之前李彦宏也找过他合作一个电子商务的创业项目，他错过了，但是时隔不久，同样的创业项目获得了巨大的成功。由于徐勇对风险投资的操作流程以及制度非常了解，所以这次李彦宏依然找了他，当他对徐勇说打算创业做搜索引擎的时候，加上深受硅谷文化感染，徐勇没有再放弃与李彦宏合作的机会。

3）第一笔风险投资

随后，他们开始讨论细节，包括商业模式、管理架构，以及股权分配方式等。当时，他们定下来的融资计划是 100 万美元。徐勇在拍摄《走进硅谷》时认识了许多 VC（风险投资商）。尽管硅谷 VC 成堆，但不巧的是，他们的兴趣转向了电子商务。不过，徐通把创业的想法一抛出，还是引来了好几家要追着投钱。在送上门的美元面前，李彦宏希望投资者对搜索引擎的前景乐观，更重要的，是对创业者充分信任。毕竟在技术层面，李彦宏最懂，如果投资者不信任他们，随便派个财务或别的什么高管去中国，会形成外行干涉内行的局面，影响做事的效率与热情。多年来，水土不服的洋管理，一直在中国上演着，本土化不够一直束缚着企业的发展。

李彦宏和徐勇最终选定两家风险投资商，分别是 Peninsula Capital（半岛基金）和 Integrity Partners。VC 是资本运作的高手，他们对技术本身不见得有多精通，但商业敏感性却大大超出常人。同样，风投们也不仅看重某个商业计划，更看重创始人的做事风格以及道德修养。风投们被李彦宏务实的做事风格打动，更坚定了他们的投资信心。原计划要融资 100 万美元，风投们担心钱不够花，硬是多给了 20 万，而这占百度 25％的股份。

4）百度筹备

百度的名字，来源于辛弃疾的名句“众里寻他千百度，蓦然回首，那人却在灯火阑珊处”。李彦宏主要有几个考虑：一是做中文搜索，就要有一个符合中国文化的名字；二是要和搜索有关；三是要简单好记。而百度这个名字再合适不过了。

随后百度在开曼注册，徐勇和百度的第一位员工刘建国（当时最好的搜索引

---

① 百度百科，http://baike.baidu.com/view/4221.htm

擎——天网的研发者正是刘建国）在国内进行了一系列筹备工作。1999 年圣诞节，李彦宏回国，他们在北大资源宾馆租了间房，这里就是百度的筹备处。随后，他们在北大和清华的 BBS 上发帖招人。2000 年 1 月 3 日，百度第一次员工会议举行，与会的共 7 人：李彦宏、徐勇、刘建国、郭眈、雷鸣、王啸、崔珊珊。

当时百度的商业模式是：打造最好的搜索引擎，为其他网站提供搜索服务，从而赢利。说得简单一点就是：网站上的搜索框，你输入关键词，点击搜索后，实际上通过百度的服务器和技术来帮助你搜索，而不是该网站。经过大家将近 4 个月的辛勤努力，百度 1.0 问世了。虽然是 IT 产品，但万事开头难，他们就像传统推销员一样去推销自己的百度 1.0。功夫不负有心人，他们找到了百度的第一个客户——硅谷动力（一个专业的 IT 网站），为硅谷动力提供搜索服务。

5）第二笔风险投资

百度的第二轮融资是在 2000 年。那一年曾经辉煌的 .com 经济泡沫爆了，迎来了互联网的冬天。2000 年 4 月，纳斯达克网络股崩盘后，人们谈网色变。风投们对于互联网也越来越谨慎。由此，百度融资成为一件非常不容易的事情。然而值得庆幸的是，百度的表现给了第一轮投资者 Integrity Partners 很好的印象，百度兑现自己的承诺，开发出搜索引擎，并且投入商用，而百度员工的务实精神更是打动了他们。Integrity Partners 为百度引来了第二轮融资的领投者德丰杰全球创业投资基金（DFJ）。同时，另一个著名风投 IDG 也决定投资百度，2000 年 9 月，德丰杰联合 IDG 向百度投资了 1000 万美元。德丰杰约占总投资额的 75%，成为百度的单一最大股东。

这次融资的成功对百度有着极其重要的意义，在第一笔风投花完，而缺少第二笔风投的时候，可能连工资都发不出去，很难想象可以熬出互联网的冬天。融资决定着百度的生死存亡，好在李彦宏早就看到了这些，所以，在第一笔风投到位之后，就开始着手第二次融资。同时李彦宏一直都认为，不是所有的钱都要拿的，如果投资人对创业团队没有充分的信任，就会干涉创业团队，从而影响团队运作。

6）百度的业务转型

随后的时间里，百度的市场开拓得很好，当时，几乎所有门户网站都用的是百度的搜索技术，就像是垄断了整个搜索市场。然而好景不长，2001 年，互联网的寒冬还没过去，众多网站倒闭。对于门户网站来说，搜索不是核心业务，完全可以自己做一个站内搜索，在自己的数据库查找内容给浏览者。

此时，赢利问题是百度的最大问题。经过多次讨论，公司得出两个赢利方向：第一，推出自己的门户，直接为网民服务；第二，推出竞价排名服务，即企业购买关键词后，出价高的排在搜索结果的前面。

但是，公司也有顾虑：如果推出自己的门户，势必和门户网站对立，成为门户网站的竞争对手，现有的这些客户就会流失，也就是说目前的唯一盈利来源会被掐断；再者，大家对竞价排名很陌生，都不知道前景如何。

李彦宏经过长时间的调研和思考，决定说服董事会同意百度的业务转型。李彦宏的论点主要是：如果靠门户来养百度，那百度永远长不大，只能是一条门户的寄生虫；要想获得高额的回报，百度就必须高速发展，如果只是按现在的商业模式，无法达到高速发展的速度。

最终，董事会同意了百度转型。2001 年 9 月 20 日，百度推出了自己的门户。那时，很少有人还会看好 .com，然而百度却变成一个地道的 .com。与此同时，百度推出了搜索竞价排名服务。除了在百度自己的网站上，百度还联合门户网站，在门户网站的搜索里开展竞价排名服务，与门户网站收入分成，这使得百度转型以一种软着陆的方式进行，同时加紧扩大 baidu.com 的自身网站流量和影响力。

2002 年 2 月的一天，由于新浪一直欠费，百度果断作出停止新浪搜索服务的决定，傍晚的时候，当网民在新浪上搜索时，出现百度的声明：由于新浪欠费，搜索服务被停止。这可以看做百度的断臂之举，同时百度完全脱离了门户。推出 baidu.com，在百度的发展历程中，是一个重要的里程碑。

7）第三次融资

竞价排名获得巨大成功，2003 年百度实现了盈利，年底，百度开始第三轮融资。2004 年年初，Google 有意注资 1000 万美元（外界的猜测是 Google 打算收购百度，进而占领中国市场），百度为此思考许久，毕竟两个都是做搜索的，是很明显的竞争对手。由于 Google 所占百度股份很少，只有 2.6%，所以百度最终同意了 Google 的意向。再者，Google 的品牌效应，也是百度看重 Google 的一个重要因素，有了 Google 相伴，百度的品牌知名度也会大幅提高。

德丰杰与 Google 一起在此轮投资中扮演了领投角色。2004 年 6 月 15 日，百度宣布，包括美国前三大风险投资商之一的 Draper Fisher Jurvetson（中文：德丰杰；简称 DFJ）和全球著名搜索引擎 Google 在内的八家风险投资机构对百度进行的策略融资已经完成。其余六家分别为：Integrity Partners，Penninsula Capita，China Value，Venture TDF，China Equity，Bridger Management。

3. 百度上市

1）IPO

首先需要了解一个概念：IPO（initial public offerings）。

首次公开募股（initial public offerings，IPO），是指企业透过证券交易所首次公开向投资者增发股票，以期募集用于企业发展的资金的过程。

对应于一级市场，大部分公开发行股票由投资银行集团承销而进入市场，银行按照一定的折扣价从发行方购买到自己的账户，然后以约定的价格出售，公开发行的准备费用较高，私募可以在某种程度上部分规避此类费用。

IPO好处：募集资金、流通性好、树立名声、回报个人和风投的投入。

美国IPO的一般过程：

（1）建立IPO团队：

CEO，CFO，

CPA（SEC counsel），

律师。

（2）挑选承销商。

（3）尽职调查。

（4）初步申请。

（5）路演和定价。

2）百度上市的进程

IPO过程中有一个极其重要的环节就是路演，所谓路演，通俗地说，就是向投资人讲解美好前景，以获得投资人的认可。百度的路演主要就两方面来论述，第一是搜索，因为当时Google作为搜索的代表，股价狂飙，所以错过Google的投资人再也不愿错过百度；第二个卖点是中国，百度就是中国的Google，自然非常有卖点。

随着路演获得很大的成功，IPO价格也随之上调，在上市前的一天晚上，百度最终将发行价格定为27美元。2005年8月5日，纽约NASDAQ证券交易市场开盘，大家都在等待百度的第一笔公开交易。握有百度股票的人，居然都不愿轻易抛售，而是看着股价一路飙升。终于，高盛（百度股票承销商）抛出了72美元的售价。"第一笔交易，72美元，成交！"紧张了很长时间的高盛公司充满了掌声和欢呼声。随后，李彦宏打电话给在北京等候消息的首席技术官刘建国，接通电话的第一句话是："We do it!（我们做到了！）"说完后，眼泪刷刷直下，哽咽着说不出话。"那时候，突然对员工们多年来的辛勤工作非常的感动，所以流泪了"，事后，李彦宏解释。

百度上市，意义深远。第一，为以后的融资作了很好的铺垫。第二，提升了百度的品牌。当然百度的上市也造就了很多亿万富翁和千万富翁。

"有问题，百度一下"，百度已经成了中文搜索的代名词。

2.3　前两次浪潮解析

电子商务时代的真正来临一般认为是在 20 世纪 90 年代中后期。随着信息和网络技术的快速发展和普及应用，特别是 www 的推广使得计算机和网络成为大众化的工具和环境，而作为社会经济主体的商务活动也自然逐步转移到电子商务上。

大部分专家学者将电子商务这十几年的发展划分为两次浪潮。第一次浪潮为 1995～2001 年，是电子商务从默默无闻到快速知名的爆炸性成长，又从热潮快速滑向寒冬的时期，称之为探索和理性调整时期。而随后从 2001 年交叉开始到现在为止的第二次浪潮则是回归理性的稳定和快速发展时期。本节将从投资角度、技术角度、内容角度、经济角度、政策角度来解读前两次浪潮的前因后果。

2.3.1　投资角度

一部风险投资在华史，就是一部中国互联网史，这句被无数互联网大佬引用的话，真实反映了我国互联网从产生、发展、高潮、衰退到理性思考、重生的整个过程。风险投资，主要是指将资金投向蕴藏着较大失败风险的中小型高新技术开发领域，以期成功后取得高资本收益的一种商业投资行为。总体上来说，风险投资是在市场经济体制下支持科技成果转化的一种重要手段，其实质是专业的风险投资机构通过投资一个高风险、高回报的项目，将成功的项目出售或上市，实现所有者权益的变现。同时，通过这种方式加速科技成果向生产力转化，推动高新科技企业的发展，进而带动整个经济的兴旺。

虽说从表面上看，风险投资推动了技术等新产业的进步，但是其依旧摆脱不了资本逐利的本质。风险投资通过热炒某些概念和所投公司，将社会公众投资者的目光转移到这些概念和投资的公司身上，而此时正是风险投资抽身离场之时，这与股票市场中的大户坐庄异曲同工。即便所投的 10 家公司中，有 2 家上市，2 家被收购，6 家倒闭，对他们来说只是利润减少了而已。

1. 第一次浪潮与风险投资

1996 年张朝阳从美国获得 18 万美元回国创办谁都搞不懂的互联网公司让大家明白了商业计划书也能换来创业资金的道理。国外风险投资商对互联网保持了高度的兴趣。从表 2-1 中就能看出端倪。

表 2-1 主要 VC 所投的互联网公司

风险投资机构	所投公司
IDG 技术创业投资基金	百度、腾讯、携程、当当、金融界、搜狐、TOM、迅雷、搜房、土豆
软银中国创业投资有限公司	阿里巴巴、淘宝网、千橡互动
红杉资本中国基金	奇虎、UUSee、卓越、大众点评网、康盛创想
联想投资有限公司	卓越网、天涯网、猫扑网、易车网
海纳亚洲创投基金	巨人网络、51、我乐网、悠视网、若邻
启明维创投资咨询公司	凡客、世纪佳缘、pps 酷我
北极光创投	红孩子、百合网、蓝港在线、开心网

1996 年深秋的一天，北京白颐路口竖起了一面硕大的牌子，上面写着："中国人离信息高速公路还有多远？向北 1500 米"。中国互联网先驱瀛海威的经典广告，至今为人传唱。1996 年，商业互联网应用在中国正处于萌芽阶段，而到了 1999 年，网民数量激增，中国的互联网似乎已经有了"上路"的感觉。电子商务应用也慢慢抬头，B2C 电子商务先驱者（也是先烈）E 国、8848 也在这个时候诞生。

互联网的迷人魅力吸引了风投们的目光，此时的中国互联网热潮已经达到顶峰。搜狐、新浪等相继获得风险投资之后，互联网企业如牛毛般遍布神州大地。不论是生产水泥的还是造房子的，传统企业纷纷瞄上 .com，公司名片上一定得加上 .com，都要与网络挂钩。只要贴上了"互联网"的标签，只要名字里带上了"E"等互联网标记，不管公司是否能盈利，股价都会飙升。企业家坐在咖啡馆向风险投资人介绍创业项目，短时间里获得数百万甚至上千万美元的风投资金绝对不是东方夜谭、痴人说梦。

"上市！上市！！上市！！！"，这是当年几乎所有中国互联网企业共同的理想和口号，因为在纳斯达克上市的企业，并没有要求已经盈利。中国最好的广告牌上几乎都写着某个互联网公司的名号，大家比着烧钱。最煽情的说法是，一个碗上写着 .com 的乞丐都能拿到上千万美元的风险投资①。当纳斯达克迎来 5132 点最高历史纪录时，2000 年 3 月中旬，纳斯达克综合指数遭遇重挫、持续下滑，网络经济危机全面爆发。2000 年 9 月 21 日，纳斯达克综合指数迅速下跌到 1088 点，创下 3 年来的最低纪录，跌幅高达 78.8%。股价的持续下跌，严重挫伤了投资者的信心，让依靠风险投资为生的新兴互联网企业遭到灭顶之灾，整个互联

---

① 时代追忆：2000 年互联网经历从高潮到泡沫. 2008-07-18. http://it.enorth.com.cn/system/2008/07/18/003564220.shtml

网行业笼罩在一片乌云之中。

纵观第一次互联网浪潮的兴起与衰退，风险投资起到了很大作用。风险投资的介入，使得各类新成立的互联网企业得以生存发展，促进了中国互联网的发展。但是受非理性因素影响，风险投资以及公众投资者的投机心理直接导致了2000 年互联网泡沫的破灭。

炒概念、融资、烧钱、上市、再烧钱……这就是当初风险投资催化下的一场全社会互联网"烧钱"运动。由于当初网络经济尚无现成的经验可以借鉴，而风险投资对 .com 寄予了过高的期望，因此，.com 在股市中能够轻而易举地募得大量资金，2000 年的 .com 也在就这样的高烧中用概念代替了经营①。此外，第一次互联网泡沫的破灭，很大程度上也与在中国照搬纳斯达克模式有关。纳斯达克股市在 1997～1999 年互联网热潮时普遍认为，在一个行业发展的起飞阶段，真正重要的不是盈利，而是增长速度和市场份额②。

另外，企业投资心理也是导致泡沫的一个主要原因。在互联网发展热潮中，新兴企业很容易获得风险投资，以及受到乐观情绪的感染和四处弥漫着的非理性情绪影响，投资者担心会错过终生难遇的赚钱机会，导致对电子商务的热情高涨，急欲参与，而且过分强调创建大企业来抓住机遇，根本不考虑成本或可能的风险。

2. 第二次浪潮与风险投资

纳斯达克指数的狂泻，终结了一个狂热与非理性的互联网淘金时代。2000～2001 年上半年，互联网处于强势震荡阶段，先前炒概念的网站相继倒闭。在这个阶段里，业界也开始理性思考互联网企业的真正出路。从 2001 年下半年开始，整个互联网行业逐渐趋于稳定，在 2000 年互联网泡沫后依旧有不少企业生存下来。2002 年开始，手机短信、SP 增值业务成了一座金矿，中国互联网企业抓住这根救命稻草，掀起了一阵收购 SP 热潮，个个赚得满盆满钵，成为其主要收入来源之一，为企业以后的发展储备了必要的资金流。随后，互联网企业又陆续发掘了网络游戏、在线广告等多种盈利模式，互联网企业逐渐走出寒冬。到 2005 年，一系列的并购，以及百度纳斯达克的上市，标志着互联网迎来了第二次高潮。

与此同时，风险投资商再度与互联网重温旧情，在中国投资的风险投资商们又开始活跃起来。老虎基金 2003 年投资 E 龙 1500 万美元，向卓越投资 620 万美元，向当当网投资 1100 万美元；软银在看中盛大后，一举投入 4000 万美元；携

---

① 互联网泡沫破灭，症结何在 . 2006-08-08. http://www. cnii. com. cn/20060808/ca389346. htm
② 著名风险投资公司 . http://www. tsjj. net/show. asp? id=938

程网成功登陆纳斯达克，募集了 7560 万美元，各大基金疯狂认购①。据相关统计，2004 年，美国风险资本在中国达成的交易达 43 宗，是 10 年来的最高水平；而 2005 年，聚积在中国互联网行业的风险资本多达 20 亿美元。仅 2004 年一年，就有携程、盛大网络、Tom、E 龙、第九城市、掌上灵通、空中网、前程无忧和金融界在内的 9 家中国互联网公司在纳斯达克成功上市。

另外据行业调查公司 webmergers 统计，2000～2003 年，又有 2000 多亿美元投入进来收购处于困境中的电子商务公司或者开办新的互联网公司。

风险投资"风向标"似乎在透露一个信号：眼前的低潮绝不是永远的低潮。对于一个真正的投资人来说，只要这个市场足够大，就肯定存在投资的机会。风险投资对中国互联网以及电子商务的作用在于，它让更多人学会了上网，也培育了众多的中国互联网精英，也才使得中国互联网在 2003 年以后重新崛起。第二次浪潮中，许多现有企业用自有资金逐步开展电子商务。这些审慎的投资使得电子商务的增长更为稳健，虽然增长速度较慢。尽管第二次浪潮没有得到大众媒体和商业媒体的广泛关注，但是却普遍带来了互联网企业的重生。

2.3.2　技术角度

电子商务是基于网络的电子应用系统，所以，信息技术的发展无时无刻不在影响着电子商务前进的脚步。网络和计算机是电子商务运行的载体。电子商务前两次浪潮离不开各个阶段的技术支撑，从互联网的雏形 ARPAnet 到现在的宽带网络；从世界上第一台现代电子计算机"埃尼阿克"（ENIAC）到现在各类终端设备，电子商务技术也不断朝着高速、智能的方向发展，不同技术阶段的应用，使得前两次浪潮呈现出不一样的特点。

1. 第一次浪潮

1）国际互联网发展简史

互联网最早起源于美国国防高级研究计划局 DARPA（Defense Advanced Research Projects Agency）的前身 ARPAnet，该网于 1969 年投入使用，AR-PAnet 成为现代计算机网络诞生的标志。最初，ARPAnet 主要用于军事研究。1974 年，美国国防部国防前沿研究项目署（ARPA）的罗伯特·卡恩和斯坦福大学的文顿·瑟夫开发了 TCP/IP 协议，定义了在电脑网络之间传送信息的方法。1983 年 1 月 1 日，ARPA 网将其网络核心协议由网络核心协议（network core protocol，NCP）改变为 TCP/IP 协议。ARPA 网使用的技术（如 TCP/IP

---

① 浅析风险投资与互联网企业的发展. http://www. herechina. net/htm _ data/35/0609/8429. html

协议）成为以后互联网的核心。它采纳的 request for comments（RFC）过程，一直是发展互联网协议与标准所使用的机制，至今仍然发挥着作用。

1986 年成立的互联网工程工作小组及 1992 年成立的互联网协会对于计算机网络技术方案的甄选、互联网协议和标准的建立起了重要的作用。任职于欧洲核子研究组织的蒂姆·伯纳斯-李于 1990 年年底推出了世界上第一个网页浏览器和第一个网页服务器，推动了万维网的产生，导致了互联网应用的迅速发展[①]。

2）中国互联网发展历程

中国互联网的使用时间较晚，1987 年 9 月 20 日，中国科学院钱天白教授通过拨号方式在我国首次实现了与 Internet 的间接联结，发出中国第一封电子邮件 "Across the Great Wall we can reach every corner in the world.（越过长城，走向世界）"，就此揭开了中国人使用互联网的序幕。1994 年 4 月 20 日，中国教育科研网（NCFC）与美国 NCFnet 直接联网，这一天也是中国被国际承认为开始有网际网络的时间。1995 年 5 月，张树新（前文有述）创立了中国第一家互联网服务供应商——瀛海威，中国的普通百姓真正开始进入互联网。

3）第一次浪潮中的信息技术分析

第一次浪潮中，由于互联网技术刚刚得以商用，最普遍的上网方式是：拨号上网。拨号上网的前提是：用户需要拥有一台个人计算机、一个调制解调器（Modem），以及一根电话线，然后再向本地 ISP（互联网服务提供商）申请自己的账号（或者购买上网卡），拥有自己的用户名和密码之后，通过拨打 ISP 的接入号码（如当时的 163、169 等）连接到互联网上。拨号上网价格昂贵，1999 年中国电信拨号上网用户的网络使用费（基本费）按每月使用时间分两档计费：1 小时~60 小时部分，每小时 4 元；超过 60 小时部分，每小时 8 元。中国互联网信息中心 1998 年发布的《第二次中国互联网络发展状况调查统计报告》显示，认为上网速度太慢的用户占 88.9%、认为上网收费太贵的则占到 61.2%，上网速度太慢和收费太贵是影响中国互联网发展的两大障碍[②]。

在互联网出现之前，电子数据交换（electronic data interchange，EDI）已经被一些企业采用。尽管使用 EDI 可以降低成本、提高效率，但运行和维护 EDI 系统的费用也相当高。如选择 VAN，需要支付一次性费用（开户费、安装费等）、月租费（连接费、信息传输费等）、开发费和存储费等，初始投入和运行

---

① 维基百科．互联网历史．http://zh. wikipedia. org/zh-cn/%E4%BA%92%E8%81%94%E7%BD%91%E5%8E%86%E5%8F%B2

② 第二次中国互联网络发展状况调查统计报告．2003-10-13. http://www.cnnic.net.cn/download/2003/10/13/92926.pdf

成本高昂。另外，EDI 技术较为复杂，EDI 的应用大多限于企业与企业之间的商务应用。不过 EDI 的出现，为日后基于互联网的电子商务的发展奠定了基础。

作为一种商务手段，EDI 技术复杂、成本高、应用范围比较有限。互联网的迅速发展，使企业与企业之间（B2B）、企业与消费者之间（B2C）各种新的商务模式成为可能。同时相对于 EDI 来说，互联网是一个开放性的网络，使用费用相对低廉，还不及 VAN（value-addle network，增值网）费用的 1/4。同时，通信技术、编程技术的不断进步，使得众多电子商务企业，比如 B2C 大多利用廉价的互联网技术来开展业务。

互联网技术在支持企业与企业交易、企业与消费者交易，以及控制企业内部流程时，配套的技术大多为采用条形码、扫描设备对零部件、组装、库存和生产状态进行跟踪。不过，由于网络带宽、系统规划、业务模式转变等原因，企业内部使用的各种信息系统与技术，缺乏统一的标准化与数据接口定义，造成不同应用系统之间产生信息孤岛。由于信息定义的不一致，同一信息在不同系统中会出现不一致，可能对企业的生产、销售带来负面影响；另外，各个系统之间的数据信息不能有效共享，使企业在业务过程中的各个环节出现偏差，比如，采购部门由于无法获取准确库存信息以及生产计划而盲目采购。第一次浪潮中，很多企业利用的这些技术、系统，彼此之间并没有很好的集成，信息分散于各个角落中，不能有效整合利用。

2. 第二次浪潮的技术分析

宽带网是电子商务第二次浪潮的关键技术推广要素之一。2000～2001 年，中国出现宽带接入热潮，各宽带运营商纷纷"跑马圈地"，但由于投资巨大，短期盈利无望，从 2001 年下半年开始，"圈地运动"便开始停滞不前。2002 年宽带市场进行全面盘点，进入"整合年"。在各大运营商的推动下，中国的宽带用户在 2003 年实现了大飞跃，这一年宽带用户增长 654.7%，达 840 万户。截至 2009 年 9 月份，国内宽带用户数量突破 1 亿，而互联网拨号用户减少 333.7 万户。

通过宽带接入互联网，一方面费用较为低廉，另一方面，网络速度大幅度提高。第一次浪潮中的电子商务应用大多停留在网页层次，如门户网站的新闻资讯、购物网站等。而第二次浪潮中则出现了新应用，在线网络游戏、视频分享、P2P、视频会议等，这些全新应用都得益于网络宽带的提升。网络宽带的提升也为企业电子商务应用插上了新翅膀。受益于低廉的费用，越来越多的公司利用互联网来将处于不同地理位置上的信息系统有机整合到一起，进一步促进信息共享整合，提高企业运作效率。

此外，在第二次浪潮中，电子商务还整合了产品电子代码（electronic product code，EPC）标准、无线射频标签（radio frequency identification，RFID）设备、智能卡、指纹识别，以及视网膜扫描等生物特征识别技术，全面跟踪货位、人员，以及对业务进行有效管理。

RFID，即射频识别，又称为电子标签，通过无线方式对产品进行自动识别和数据采集。EPC 在国内被称为产品电子代码，它给予每个产品唯一的身份标示，它是在无线射频技术并基于网络环境下，在自动识别技术领域的新应用（董学耕，2005）。EPC/RFID 物品识别模型采用一组编号来代表制造商及其产品，还用另外一组数字来唯一地标识单品。EPC 是唯一存储在 RFID 标签微型芯片中的信息，这样可使得 RFID 标签能够维持低廉的成本并保持灵活性，使数据库中无数的动态数据能够与 EPC 标签相链接。EPC 系统的最终目标是为每一物品建立全球的、开放的标识标准（孙泽生等，2005）。EPC（产品电子代码）标准体系的提出，使得 RFID 的大规模应用具备了前提。在此意义上可以说，RFID、EPC 和物联网是近年来出现的物流信息及运营管理的最新技术。在此基础上，结合因特网，就在物品之间、物品和人之间建立起了庞大的物联网（internet of things）。

2.3.3　内容角度

第一次、第二次浪潮中，电子商务活动内容有着很大的区别。简单来说，第一次浪潮中，业务单一、被动、缺乏互动；第二次浪潮中则多元、主动。

1. 第一次浪潮

可以把第一次浪潮中的电子商务应用大致分为两大类：一类是内容提供商模式，另一类则是信息发布模式。

1）内容提供商模式

所谓的内容提供商（internet content provider，ICP），主要是指通过互联网向用户提供信息的服务商，提供的信息包括新闻资讯、天气预报、搜索等。内容提供商通过自己或是与第三方合作，对海量信息进行分类、索引、排序，将内容呈现给特定的用户。第一次浪潮中，最常见的内容提供商模式就是新浪、网易、搜狐等门户网站。这些门户网站每天提供社会、国际等各种新闻资讯、股票、地产等信息。这种以"内容为王"的内容提供商模式，其显著特点是大规模、海量发布信息供用户浏览。

2）信息发布模式

信息发布模式，主要是对众多中小企业及个人而言的。电子商务初期，大家对电子商务的理解大多停留在"发布信息"层面。20 世纪 90 年代末，国内众多企业纷纷涉足互联网，追赶时髦，推出 .com 企业网站，俨然一副走在"电子商务"大道上的模样。然而出于对电子商务的片面理解，众多企业在推出网站之后就不闻不问，唯一能体现网站的价值的地方就是公司员工的名片。有的企业稍微有些推广意识，于是在各大黄页网站上大量发布企业介绍、产品目录、产品信息、服务项目等，然后坐在办公室里等待客户自动找上门来购买。在信息爆炸的年代，这种"酒香不怕巷子深"式的被动营销很难再有效果了。

同时，这个时期尚没有成熟的认证体系和保障措施，网上所发布信息的真实性是很多企业所担忧的。另外，网上支付还没有普及，物流业尚不发达。所以，当时这种单纯大量发布信息的方式，并不能直接提升企业的销售量。正是对电子商务的错误认识以及相关体系的欠缺，使得公司网站以及网络上发布的信息变得意义不大。先前对电子商务的片面认识，导致有的人甚至开始怀疑电子商务，事实上这是不对的。

2. 第二次浪潮

第二次浪潮中，电子商务应用更为成熟，出现了很多新技术、新体系、新模式，促进了 B2B、B2C、C2C 等各种电子商务模式的蓬勃发展。

1）信用认证体系

1993 年 7 月 5 日，《纽约客》刊登了一则由彼得·施泰纳（Peter Steiner）创作的漫画，题为 "On the Internet, nobody knows you're a dog"（在互联网上，没人知道你是一条狗）（Fleishman，2000），从此这句话变成了一句流行语（图 2-1）。

图 2-1　"在互联网上，没人知道你是一条狗"

　　然而到现在，这句话就不太准确了。信用评级的出现，使得互联网上互不相识的两个人（企业），能够知道对方的详细信用情况。信用评级（又称为资信评级、资信评估、信用评估），就是由独立中立的专业评级机构，接受评级对象的委托，根据"独立、公正、客观、科学"的原则，以评级事项的法律、法规、制度和有关标准化规范化的规定为依据，运用科学严谨的分析技术和方法，对评级对象履行相应的经济承诺的能力及其可信任程度进行调查、审核、比较、测定和综合评价，以简单、直观的符号（如 AAA、AA、BBB、CC 等）表示评价结果，并将结果公布给社会大众的一种评价行为[①]。

　　中国电子商务协会 2006 年 9 月 5 日发布的《中国电子商务诚信状况调查》显示，23.5％的企业和 26.34％的个人认为电子商务最让人担心的是诚信问题。现如今，信用评级在电子商务网站中得到广泛应用，国内各大 B2B 网站，如阿里巴巴、慧聪等委托上海杰胜、邓白氏等对客户进行认证。第三方 B2B 电子商务平台会对注册会员企业的身份进行认证、对会员所发布的信息进行核实，只有具备资质的、真实的信息才能通过，这样能在一定程度上保证信息的真实有效，使双方在交易时打消了一定安全顾虑，为快速达成交易打下坚实的基础[②]。此外，第三方平台具有针对性强、流量大、营销成本低等特点，利用第三方 B2B 电子商务平台开展营销活动已经成为现在越来越多中小企业网络营销的主要形式。根据中国电子商务研究中心的监测数据显示，截止到 2010 年 6 月，国内使用第三方电子商务平台的中小企业用户规模已经突破 1300 万[③]，第三方电子商务平台正成为我国中小企业网络崛起的主要力量。

　　2）电子签名体系

　　2005 年 4 月 1 日正式实施的《电子签名法》规定，电子签名是指数据电文中以电子形式所含、所附用于识别签名人身份并表明签名人认可其中内容的数据。通俗一点说，电子签名就是通过密码技术对电子文档应用的电子形式的签名，而并非是书面签名的数字图像化，它类似于手写签名或印章，也可以说它就是电子印章。电子签名是基于 PKI（公开密钥基础设施）技术的网上身份认证系统，数字证书相当于网上的身份证，它通过第三方权威机构，有效地进行网上身份认证，帮助识别对方和表明自身。与物理身份证不同的是，数字证书具有安全、保密、防篡改的特性（胡承军，2009）。

　　电子签名在电子商务应用方面最为典型，它是在网上将买方、卖方，以及服

---

　　① 国际信用评级 . http://wiki. mbalib. com/wiki/％E5％9B％BD％E9％99％85％E4％BF％A1％E7％94％A8％E8％AF％84％E7％BA％A7

　　② 第三方 B2B 电子商务平台 . http://www. hudong. com/wiki/％E7％AC％AC％E4％B8％89％E6％96％B9B2B％E7％94％B5％E5％AD％90％E5％95％86％E5％8A％A1％E5％B9％B3％E5％8F％B0

　　③ 我国使用第三方电子商务平台企业数突破 1300 万 . http://b2b. toocle. com/detail-5335959. html

务于他们的中间商（如金融机构、支付平台）之间的信息交换和交易行为集成到一起的电子运作方式，如签订合同订购、付费等。我国正式实施的《电子签名法》可以解决电子商务活动中参与方的不可否认性，提高电子商务的交易安全性（郝莉萍，2008）。

3）网上支付体系

网上支付是指基于互联网的在线支付方式，让企业或个人不受时间和空间的限制，在网络上完成交易与结算。网上支付是电子商务发展的关键要素，也是促进电子商务普及繁荣的基础所在。没有网上支付的基础支撑，电子商务也仅局限在信息发布与获取、在线合同签订等环节，无法实现真正的在线交易，严格来说，这是不完全的电子商务。

从全世界范围来看，网上支付大致经历了四个发展阶段：准备期、初创期、回归期、发展期：

（1）准备期（1992年之前），互联网尚未得到大规模商用，而多种电子化支付系统，如POS、预付款机制等已经得到了很好的发展，为网上支付打下了基础；

（2）初创期（1993~1995年），信用卡支付开始通过互联网来进行，不过仅限于通过互联网传递信用卡号码从而实现交易；

（3）回归期（1995~1998年），银行卡组织开发并推广SET，开始尝试将其他传统支付工具进行改造以适用互联网，网上银行业务获得初步增长；

（4）发展期（1999年至今），互联网支付系统在多个方向、多个细分领域取得较大进展。信用卡占据了网上支付的统治地位；2000年以后，在线拍卖的风行拉动了P2P支付的飞速增长，主要以PayPal（中文译为贝宝）为代表。同时，以移动通信、智能卡、互联网等多种技术为代表的移动支付成为后起之秀，2004年，日本启动DoCoMo"手机钱包"计划。

我国的网上支付最早可回溯至1998年，发展至今大概可以分为以下两个阶段：

（1）起步阶段（1998~2004年）。1997年，招商银行正式开通招商银行网站，并于1998年4月在深圳推出网络银行服务，成为国内首家提供网上支付业务的银行。1999年，C2C电子商务交易平台易趣的诞生，加快了网上支付的多元化进程。第三方支付在这个阶段开始萌芽，首信易、云网等支付平台都是在这个阶段出现的。2000年后又出现了上海环讯、和讯支付、网银在线等支付平台。

（2）高速发展阶段（2005年至今）。2005年被称作"中国网上支付元年"，第三方支付成为电子商务舞台上的焦点，吸引了风险投资、业界、媒体、高校科研等各界的关注。同时政府也越来越重视电子商务的发展，网上支付前景被看好，从事网上支付的企业数量激增，2005年便达到50多家（唐志宏，2008）。

网上支付工具的广泛应用，大大促进了B2C、C2C等电子商务的发展，实现了真正的在线交易，加快了电子商务的普及使用程度，越发深刻地影响着人们的生活和工作，将第二次浪潮推向高潮。

4）标准体系

作为一项庞大的社会化系统工程，电子商务的发展离不开标准化的支撑。与政府信息化、企业信息化的目标有所不同，电子商务标准不是要解决某个政府或企业内部的业务活动规范化和信息化问题，而是要重点解决不同行业和不同领域的企业、政府和消费者之间在参与电子商务时的技术互操作和商务互操作问题，从而实现既定的商业活动和目标。电子商务标准可分为基础技术标准、业务标准、支撑体系标准和监督管理标准四大类别，每一类别可根据具体情况再进行细分，关于我国的电子商务标准体系内容，可参见 2007 年出台的《国家电子商务标准体系》（草案）[①]。

5）物流体系

电子商务中的信息流、资金流都能够在线上完成，而物流则是电子商务落地开花的必要基础，是完成电子商务交易（除虚拟商品、服务外）的必需环节。虽然我国物流事业起步较晚，但是在电子商务大潮的推动下，物流得到了快速发展。

1978 年，中国代表团赴日本参加国际物流会议之后，"物流"这个词才在我国得以广泛传播。1979～1992 年，是我国物流的形成时期；1993～2000 年是中国物流的起步时期；从 2001 年开始，我国的物流事业进入了快速成长期。一方面，外资物流巨头的进入，为国内物流行业注入了竞争元素，国家也很重视物流行业的发展，积极营造有利环境。第三方物流发展前景被看好，第三方物流产业进入一个新的快速成长与发展阶段（方静和陈建校，2008）。国内也出现了不少大型物流企业，如中远、中外运，以及华宇、申通等民营物流公司。另一方面，信息技术的出现，加快了物流企业的运作效率，促进了物流的快速发展。

物流体系的不断完善，使得电子商务市场变得火爆起来，除了面向国际、国内 B2B 市场的大宗物流之外，各大 B2C、C2C 平台也伴随物流的快速发展而迅速崛起。

6）第三方增值服务

所谓第三方，主要是指两个相互联系的主体之外的某个客体。第三方可以和两个主体有联系，也可以独立于两个主体之外[②]。第二次浪潮中，第三方平台广泛应用于电子商务活动中。第三方物流，上文已介绍，此处不再赘述。下面简单介绍一下电子商务中常见的第三方服务：

（1）第三方增值平台。第三方增值平台，是为交易双方提供专业电子商务交

---

① 国家电子商务标准体系，http://www.chinajeweler.com/download/2/附件一.pdf

② 第三方.http://baike.baidu.com/view/1243841.htm

易服务的平台。对众多中小企业来说，自建电子商务平台，一是费用高，对中小企业尤其是刚刚起步的中小企业来说风险太大；二是技术难度大，需要有专业人才搭建、维护。此外，第三方增值服务平台上汇聚了大量的行业信息并提供专业的工具，企业能够有针对性地开展营销和销售。

（2）第三方支付。第三方支付主要是与银行签约，是具有一定信用和实力的提供网上在线支付的机构。其交易模式为：用户在购物网站下订单之后，第三方支付通知商家货款已付、发货，用户在确认收货之后，通知第三方将货款支付给购物网站。从这里，我们可以看出，第三方在这里充当了中介的角色，能够打消双方在交易时的安全顾虑，同时能帮助商家降低支付系统的运营费用。正是因为第三方支付的普遍应用，使得电子商务在线交易在第二次浪潮中表现得尤为活跃。目前，第三方支付大体上可分为两大类：一类是依附于电子商务平台的第三方支付平台，如淘宝、财付通等；另一类则是独立的第三方支付平台，如快钱等。

（3）第三方认证。电子商务中的第三方认证，严格意义上来说，是第四方。这种认证最常见于 B2B 网站上的会员认证。企业注册为 B2B 平台会员之后，B2B 平台委托认证机构对注册会员进行真实性验证。认证机构是独立于交易双方、B2B 平台的。像前文所述的慧聪就是通过邓白氏来对企业信息进行认证的。

2.3.4　经济角度

第一次、第二次浪潮中，网络在线广告一直是 .com 公司的主要收入来源。1994 年 10 月 27 日可以说是世界网络广告史上的一座里程碑。美国著名的 Hotwired 杂志推出了网络版的 Hotwired，并第一次在网站上推出网络广告，立即吸引了 AT&T 等 14 家广告赞助商赞助，这标志着网络广告的正式诞生。

国内方面，1997 年，Intel 在 Chinabyte 上投放了中国第一个网络广告（468 * 60 的动画旗帜广告）。这在中国互联网历史上是一座里程碑，因为之前的 .com 一直处于“烧钱”状态。而在 2000 年互联网寒冬中幸存下来的网站，大多数都沾了“网络广告”的光。从此以后，网络广告几乎成为每一个 .com 公司的主要盈利模式之一。而我们大家熟悉的百度、Google，其最主要的收入来源就是关键词广告。

网络广告之所以如此受到偏爱，有其必然性。网络广告有着传统媒体所没有的独特优势：

（1）网络广告能够有效针对特定群体推送感兴趣的广告，提升广告效果。比如，利用计算机程序对特定人群进行识别，对其投放针对性广告，广告效果对比传统媒体的大面积轰炸来说，要有效得多。

（2）网络广告的效果能够被准确监测。广告被用户点击多少次、被浏览多少次、广告产品的销售数量等，都能够通过计算机程序加以识别和统计，进而分析广告效果，选择最优化广告投放策略。而这些，是传统媒体所不具备的。

（3）网络广告收费方式多样。除了大家常见的点击广告、展示广告之外，还有按效果付费的网络广告，比如 CPS（按销售付费的广告），即只有当用户点击广告并购买产品之后，企业才需付费。这对企业来说，几乎没有营销风险，是只赚不赔的买卖。

（4）网络广告价格低廉。对比传统电视、报纸上动辄数万元、百万元，甚至上亿元的天文数字来说，网络广告价格低廉。并且网络广告投放媒体多样，几乎能够涵盖目前所有行业，投放也很有针对性。

（5）网络广告表现形式多样，信息量更大。传统纸质媒体限于篇幅和客观原因，广告所表达的信息量太小，仅限于图片和文字的二维展示。而网络广告则能充分利用图片、视频、音频等多媒体技术来展示，所含信息量更丰富。

网络广告作为一种非常有效的营销手段，为现在很多企业所采用。日本化妆品品牌 DHC 在中国国内仅依靠网络投放广告，便取得了巨大成功，一跃成为知名化妆品品牌；而像 2010 年走红的各种"凡客"，其主要营销方式就是网络广告。今后，网络广告仍将是企业推广的主要工具。

2.3.5　政策角度

与国民经济中的其他产业一样，电子商务的良性发展需要政策与法律法规的良好环境。无论是第一次浪潮，还是第二次浪潮的各个阶段，世界各国政府以及行业机构对电子商务的发展都给予了积极的关注和支持。下面简单回顾一下美国、欧盟、亚洲国家，以及我国出台的一些政策与法规。这些政策与法规的相继实施，对规范和促进电子商务健康发展起到了重大作用。

1. 美国电子商务政策简介

1997 年 7 月 1 日，克林顿政府颁布了《全球电子商务纲要》，将 Internet 的影响与 200 年前的工业革命相提并论。作为推动电子商务发展的指导性文件，该纲要的颁布标志着美国电子商务发展政策已走向体系化和系统化，同时也体现了美国希望在电子商务领域谋求国际规则主导权的目标。其主要思想包括以下几个方面（驻美国使馆经商处，2000）：

（1）电子商务发展应由私营企业主导；

（2）政府对电子商务发展应尽量少干预；

（3）政府在必须介入时，应鼓励和提供一个具有可预见性、一致性和简单性的电子商务法律环境；

（4）政府必须认识到因特网的独特性；

（5）电子商务应在全球基础上继续发展。

1997 年 12 月 11 日，美国政府又发表了《全球电子商务框架白皮书》，指出政府有必要修改和制定法律，尽快建立规范的电子商务法律体系。1998 年，美国参众两院分别通过因特网免税法案，规定 3 年内禁止征收新的因特网访问和服务税。1999 年，美国政府公布了网上个人信息的保护政策。2000 年 2 月 1 日，美国商务部公布了公众对电子商务障碍的评估报告。2000 年 3 月，美国与欧盟就网上隐私权保护问题达成安全港口协议（梁俊兰，2000）。

2. 欧盟电子商务政策

1997 年 4 月，欧洲委员会提出《欧盟电子商务行动方案》，从宏观角度规定了信息基础设施、管理框架和电子商务等方面的行动原则。

1997 年 7 月，欧洲各国通过了支持电子商务的部长宣言，主张官方应尽量减少不必要的限制，帮助民间企业自主发展以促进 Internet 的商业竞争，扩大 Internet 的商业应用，大力发展电子商务。

1997 年 12 月，欧盟与美国发表了有关电子商务的联合宣言，与美国就全球电子商务指导原则达成协议，承诺建立"无关税电子空间"（duty free cyberspace）。

1999 年 2 月，欧盟又提出建立一个旨在协调全球通信，特别是电子商务的国际宪章的提议。

2000 年 3 月，欧盟委员会发起了一项名为"电子欧洲"（E-Europe）的行动方案，作为其增加欧洲公民网络介入和获得信息社会服务机会的策略之一。

2000 年 5 月，欧洲议会通过电子商务指令。该指令的主要目的是保证电子商务的在线服务能够在共同体内被自由地提供。

《欧盟电子商务行动方案》、电子欧洲和电子商务指令三个文件为欧盟发展电子商务构建了一个基本框架。关于电子商务框架与相关法规细化的关系：欧盟认为由于电子商务受制于不断发展的技术原因，所以电子商务的框架必须是灵活的，有一定的前瞻性，不能僵化（华海英，2002）。

3. 亚洲国家电子商务政策

1）韩国

韩国发展电子商务的政策起步较早，在 1998 年制定了《电子交易法》（谢阳群和汪传雷，2001）。韩国政府 1999 年制定了《电子商务框架法》，并于 2002 年进行了第一次修订；同时，韩国政府为了支持电子金融交易，起草了《电子金融交易法》，以健全电子金融交易的基础①。2000 年 2 月，韩国又制定了发展电子商务的综合对策，目标是在 2003 年成为电子商务发达国家。为了顺利地推进这一综合对策的实施，韩国政府决定成立由 16 个部门以及民间共同参与的"电子商务政策协议会"，以落实和检查综合对策的执行情况。

2）日本

日本在发展电子商务方面紧跟美国。1993 年 11 月，美国媒体发表的日美信息化程度比较报告，对日本触动很大。日本通产省和邮政省很快作出反应，提出赶上世界信息化发展的措施。2000 年，日本修改商法、民法、刑法等三大基本法律，把商业计算机软件等信息产品规定为"信息财产"，受法律保护，明确规定有关电子商务等的契约规则（彭在位，2006）。

3）新加坡

新加坡于 1996 年提出了《电子商务温床计划》，旨在促进电子服务业的发展。为了创建一个电子商务服务性行业并协调跨领域的法律和政策，新加坡于1998 年颁布了《电子商务总计划》。1998 年 7 月，新加坡颁布实施了《电子交易法》，这是一部内容比较全面和完善的专门立法，它为电子签名提供了法律基础（汪琰，2001）。

2001 年年初，日本、韩国、新加坡等亚洲国家着手建立亚洲共同的电子商务市场，致力于实现"公开密钥加密系统（PKI）"等技术的标准化，并制定了有关的法律制度，现已设立"亚洲 PKI 论坛"来创造电子商务国际市场的环境。

4. 中国电子商务政策

我国电子商务立法与欧美、亚洲发达国家相比，相对较晚，1999 年之前，我国电子商务立法尚是空白。从 1999 年开始，相关的立法呼声开始出现。2000年人大会上的一号提案使电子商务立法成为更多人关注的焦点。在其后 3 年多的时间里。相关的一些法律、法规、部门规章和地方法规陆续出台。在这一过程中，出台了包括《电信管理条例》、《互联网信息服务管理办法》、《商用密码管理条例》、《互联网站从事新闻登载业务管理暂行办法》、《全国人大关于维护互联网安全的决定》在内的多部法律法规。

2004 年 8 月 28 日，第十届全国人民代表大会常务委员会第十一次会议通过的《中华人民共和国电子签名法》，标志着我国电子商务将告别过去无法可依的历史。为配合《电子签名法》的实施，规范电子支付业务、防范支付风险、促进

---

① 各国电子商务发展之韩国篇，http://syggs. mofcom. gov. cn/aarticle/ag/ah/200610/ 20061003378639. html

电子支付业务健康发展，中国人民银行于 2005 年 10 月 26 日制定了《电子支付指引（第一号）》（宋沛军，2009）。

国家对电子商务发展过程中所遇到的政策、法律、法规等问题进行研究，先后出台了多项相关法规和指导性文件，包括《关于加快电子商务发展的若干意见》（2005 年 1 月）、《关于网上交易的指导意见（征求意见稿）》（2006 年 6 月）、《关于网上交易的指导意见（暂行）》（2007 年 3 月）、商务部：《关于促进电子商务规范发展的意见》（2007 年 12 月）、商务部：《电子商务模式规范》（2008 年 4 月）、《关于加快流通领域电子商务发展的意见》（2009 年 11 月）等①。

世界各国制定的相关法律法规，旨在引导和推进电子商务的发展、调节和规范电子商务行为。为电子商务制定相关法规，使电子商务有法可依，也是电子商务能够健康发展的先决条件。

参 考 文 献

阿拉木斯. 从国际电子商务立法到中国的电子商务政策法律环境. http://www.locallaw.gov.cn/dflfw/Desktop.aspx? PATH = dflfw/sy/xxll&Gid = 6d3987b4-89a2-4c21-9967-a98a1874cc87&Tid = Cms_Info

董学耕. 2005. RFID：让电子商务插上翅膀. 中国电子商务，(2)：20～22

杜渐. 网上支付发展历史，http://www.istis.sh.cn/list/list.aspx? id=2659

方静，陈建校. 2008. 我国第三方物流的发展历程与变革趋势. 交通企业管理，23 (7)：58，59

郝莉萍. 2008. 电子签名在电子商务中应用价值的研究. 商场现代化，35：163

何济川. 中国电信资费的国际比较. http://www.apcyber-law.com/details.asp? ID=2869

胡承军. 2009. 浅谈电子商务中的电子签名. 天津科技，36 (3)：63，64

华海英. 2002. 欧盟的电子商务政策. 中国信息导报，(6)：46～48

靳继磊. 中国互联网 10 年回顾系列. http://www.bianews.com/news/11/n-42211.html

李晓东. 发达国家电子商务发展战略及我国应对策略. http://www.people.com.cn/wsrmlt/jbzl/2000/08/lixd/3.html

梁冬. 相信中国. http://lianzai.book.qq.com/book/3690/0026.htm

梁俊兰. 2000. 美国电子商务政策. 经济工作导刊，(18)：45

林军. 沸腾十五年：中国互联网 1995～2009. 北京：中信出版社

彭在位. 2006. 国外发展电子商务的政策及对我国的启示. 郑州经济管理干部学院学报，21 (3)：31～33

宋沛军. 2009. 建设和完善我国电子商务法律体系的探索. 河南司法警官职业学院学报，7 (4)：60～62

孙泽生，任志宇，阎换新. 2005. 现代物流信息跟踪技术研究进展综述. 浙江科技学院学报，17 (2)：126～130

唐志宏. 2008. 中国网上支付十周年回顾与展望. 电子商务，(5)：25～28

---

① 我国近年涉及电子商务政策法规盘点，http://news.xinhuanet.com/eworld/2010-07/10/c_12318496.htm

汪琰. 2001. 新加坡电子商务的法律与政策环境. 信息网络安全,(09):25,26
谢阳群,汪传雷. 2001. 亚洲国家发展电子商务的政策及对我国的启示. 冶金信息导刊,(6):22~24
徐志斌等. 中国互联网十年白皮书. http://www.itlearner.com/article/2572
张晓滨. "内容乏新"成宽带发展减缓的最主要原因. http://www.people.com.cn/GB/it/1065/3074862. html
驻美国使馆经商处. 2000. 美国电子商务发展政策. 对外经贸研究,(8):6~13
佚名. 2004-01-07. 亚洲拟建共同电子商务市场. 参考消息(4)
Fleishman G. 2000-12-14. Cartoon Captures Spirit of the Internet. The New York Times. [2007-10-01]

第3章 信息技术的新进展

电话拨号上网，开启了第一次电子商务浪潮；宽带上网，掀开了第二次浪潮。每一次浪潮的背后，总离不开新技术和应用的身影。那么，哪些新技术和应用，将成为第三次电子商务浪潮的助推器呢？

3.1 云 计 算

自 2007 年以来，一个新名词"云计算"进入人们的视野，这个被称做将彻底改变人类网络生活与工作的新应用，到底是怎么一回事呢？

3.1.1 云计算概述

云计算是经过并行计算、集群计算，以及网格计算发展而来的。云计算（cloud computing）思想最早可以追溯到 20 世纪 60 年代斯坦福大学教授 John McCarthy 提出的"计算将在某天会运行于公共基础设施上"[1]。2006 年，Google 首先提出云计算的概念。"计算"能够作为一种商品，像我们日常生活中的煤气、水电一样，从公共管道中按照需要随时获取和使用。而唯一不同的是，其载体是网络。

关于云计算的概念，目前并没有统一的定义。维基百科为云计算下了这样的定义：是一种基于互联网的计算新方式，通过互联网上异构、自治的服务为个人和企业用户提供按需即取的计算。由于资源在互联网上，而在电脑流程图中，互联网常以一个云状图案来表示，因此可以形象地类比为云，"云"同时也是对底层基础设施的一种抽象概念[2]。Wang Lizhe 等给出了科学云计算系统的定义，指出计算云系统不仅能够向用户提供硬件服务 HaaS（hardware as a service）、软件服务 SaaS（software as a service）、数据资源服务 DaaS（data as a service），而且还能够向用户提供可配置的平台服务 PaaS（platform as a service）。因此用户可以按需向计算平台提交自己的硬件配置、软件安装、数据访问需求。IBM 认为，云计算是用于描述平台以及应用程序类型的一个术语。云计算平台可以根据需要动态地提供、配置、重新配置，以及取消提供服务器。"云"中的服务器可

---

① WIKIpedia. Cloud computing. http://en. WIKIpedia. org/WIKI/Cloud _ computing. ［2010-7-22］
② 维基百科. 云计算. http://zh. wikipedia. org/zh-cn/云计算. ［2010-10-02］

以是物理机器，也可以是虚拟机器。高级的"云"通常包括其他计算资源，如存储区域网络（SAN）、网络装置、防火墙及其他安全设备。云计算是一种新型的计算模式：把 IT 资源、数据、应用作为服务通过互联网提供给用户。云计算也是一种基础架构管理的方法论，大量的计算资源组成 IT 资源池，用于动态创建高度虚拟化的资源提供给用户使用[①]。

简单来说，云计算是通过中央数据库来调度不同请求的运算，随时随地满足用户的各种应用与服务。

3.1.2 云计算逻辑体系结构

"云"是一个由并行的网格所组成的巨大服务网络，它通过虚拟化技术来扩展云端的计算能力，以使各个设备发挥最大的效能。数据的处理及存储均通过"云"端的服务器集群来完成，这些集群由大量普通的工业标准服务器组成，并由一个大型数据处理中心负责管理，数据中心按客户的需要分配计算资源，达到与超级计算机同等的效果（匡胜徽和李勃，2010）。图 3-1 是云计算体系的逻辑结构。

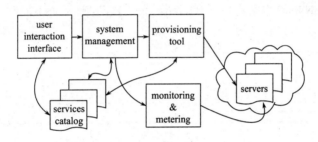

图 3-1　云计算体系逻辑结构

下面对云计算结构模型中的各实体进行简单介绍。

（1）user interaction interface（用户交互界面）。也被称为"云用户端"。通过终端设备向云请求服务，这个是用户使用云服务的入口。用户能够借助浏览器登录，使用云端服务与本地桌面一样操作。

（2）services catalog（服务目录）。用户登录云服务之后，会自动获取该用户所拥有的服务权限（如已经付费的服务项目）。主要表现在：在云客户端会以列表或是图标的形式，展示该用户能够使用的服务项目。用户能够对已拥有的服务项目进行管理，如进行退订等操作。当然，用户也可以根据自己的实际需要来申请新的服务。

（3）system management（系统管理）。其主要功能大体上是对云用户的管

① 云计算．http://www-01. ibm. com/software/cn/tivoli/solution/cloudcomputing/

理，主要体现在：能够对新用户申请、用户认证、用户登录，以及用户授权等进行管理。

（4）provisioning tool（服务提供工具）。根据用户的服务请求，转发给相应的程序并调度资源，动态、智能部署、配置以及回收资源。

（5）monitoring and metering（监控和测度）。对用户服务、云系统资源进行追踪和测量，并提交给中心服务器分析和统计。以便能够做到负载均衡，确保资源可以有效分配给请求的用户。

（6）servers（服务云）。又被称作服务器集群。由系统管理和维护，可以是虚拟服务器，也可以是真实的物理服务器，负责处理高并发量的用户请求、大规模计算，以及云数据存储等。

3.1.3　云计算技术体系结构

云计算分为 IaaS、PaaS 和 SaaS 三种类型，不同厂家又提供了不同的解决方案，目前还没有一个统一的技术体系结构。综合多篇文献，本书节选刘鹏提出的一个具有代表性的技术结构模型（刘鹏，2009），它概括了不同解决方案的主要特征，具体如图 3-2 所示。

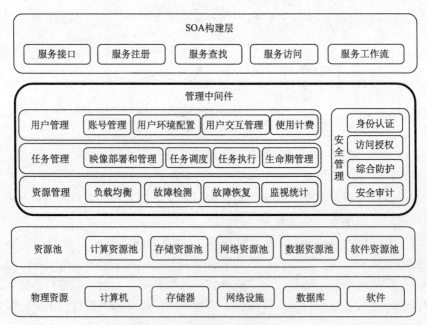

图 3-2　云计算技术体系结构

如图 3-2 所示，云计算技术体系结构分为四层：物理资源层、资源池层、管理中间件层和 SOA 构建层。

（1）物理资源层包括计算机、存储器、网络设施、数据库和软件等。

（2）资源池层是将大量相同类型的资源构成同构或接近同构的资源池，如计算资源池、数据资源池等。构建资源池更多是物理资源的集成和管理工作，如研究在一个标准集装箱的空间内如何装下 2000 个服务器、如何解决散热和故障节点替换的问题并降低能耗。

（3）管理中间件负责对云计算的资源进行管理，并对众多应用任务进行调度，使资源能够高效、安全地为应用提供服务。①资源管理负责均衡地使用云资源节点，检测节点的故障并试图恢复或屏蔽之，并对资源的使用情况进行监视统计；②任务管理负责执行用户或应用提交的任务，包括完成用户任务映像（image）的部署和管理、任务调度、任务执行、任务生命期管理等工作；③用户管理是实现云计算商业模式的一个必不可少的环节，包括提供用户交互接口、管理和识别用户身份、创建用户程序的执行环境、对用户的使用进行计费等；④安全管理保障云计算设施的整体安全，包括身份认证、访问授权、综合防护和安全审计等。

（4）SOA 构建层将云计算能力封装成标准的 web services 服务，并纳入 SOA 体系进行管理和使用，包括服务注册、查找、访问和构建服务工作流等。管理中间件和资源池层是云计算技术的最关键部分，SOA 构建层的功能更多依靠外部设施提供。

3.1.4　云计算的服务层次（五层次）

在云计算中，根据其服务集合所提供的服务类型，整个云计算服务可以被划分为四个层次：应用层、平台层、基础设施层和虚拟化层。而这四个层次的每一层都对应着一个子服务集合，如图 3-3 所示。

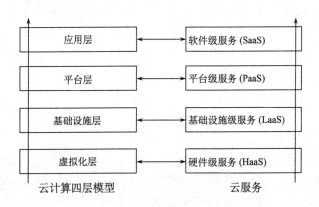

图 3-3　云计算服务层次模型

云计算的服务层次是根据服务类型即服务集合来划分，与大家熟悉的计算机网络体系结构中层次的划分不同，在计算机网络中每个层次都实现一定的功能，层与层之间有一定关联。而云计算体系结构中的层次是可以分割的，即某一层次可以单独完成一项用户的请求而不需要其他层次为其提供必要的服务和支持。在云计算服务体系结构中各层次与相关云产品对应（王鹏，2009）。

（1）应用层对应 SaaS（软件级服务），如 Google APPS、SoftWare＋Services；

（2）平台层对应 PaaS（平台级服务），如 IBM IT Factory、Google APPEngine；

（3）基础设施层对应 IaaS（基础设施级服务），如 Amazon EC2、IBM Blue Cloud、Sun Grid；

（4）虚拟化层对应 HaaS（硬件级服务），结合 PaaS 提供硬件服务，包括服务器集群及硬件检测等服务。

而发展至今，云计算的第五个层次开始初露端倪，我们将其称为 people services，它与 web2.0 的应用密切相关。当云计算和 web2.0 结合之后，使用者和生产者之间的界限越来越模糊，大家通过社区型的协作，共同创造价值（冀勇庆，2010）。2009 年，IBM 联合无锡（国家）软件园构建了"盘古天地软件服务创新孵化平台"，开始 people services 的试点。IBM 大中华区首席技术官、中国研究院院长李实恭介绍，该平台采用开放运营管理模式，这使得不同的软件厂商可以彼此连接，共同满足用户的需求。未来，这个平台如果继续扩大，有更多云计算服务平台建立之后，这些平台之间将能够彼此互连，形成一个云计算网。

3.1.5　典型云计算应用

除学术界对云计算保持高度关注之外，业界也逐渐在推进云计算的商业化进程。目前主要见于一些互联网商业巨头，Amazon（亚马逊）、Google、IBM，以及微软等。我国国内关于云计算的研究刚刚起步，并于 2007 年启动了一些重点科研项目，在云计算方面也取得了阶段性的成果。下面就一起来讨论以下几个常见的云计算项目和案例。

1. Amazon EC2

Amazon EC2[①]（elastic computing cloud），被称作亚马逊弹性计算云，是美国亚马逊公司推出的一项提供弹性计算能力的 web 服务。使用者可以租用亚马逊的云端服务来运行所需服务。亚马逊将自己的弹性计算云（EC2）建立在公司内部大规模集群计算的平台上，用户可以通过弹性计算云的用户交互界面来申请在云计算平台上运行的各种服务。通过 Xen（一个开源的虚拟机管理程序）虚拟

---

① Amazon Elastic Compute Cloud（Amazon EC2）. http://aws.amazon.com/ec2/

化技术提供操作系统级的平台支持，用户可以不需要硬件的基础而从"云"中直接获取所需的"计算机"。运行结束后，系统管理程序会根据用户使用资源的状况来计费，即用户只需为自己所使用的计算平台实例付费。通过这种方式，无论是个人还是企业，都可在 Amazon 的基础架构上进行应用软件的开发和交付，而不必配置软件和服务器（任礼，2010）。

2. Google 云计算

Google 公司有一套专属的云计算平台，这个平台先是为 Google 最重要的搜索应用提供服务，现在已经扩展到其他应用程序。Google 的云计算基础架构模式包括 4 个相互独立又紧密结合的系统：Google file system（GFS）分布式文件系统、针对 Google 应用程序的特点提出的 MapReduce 编程模式、分布式的锁机制 Chubby，以及 Google 开发的模型简化的大规模分布式数据库 BigTable（陈康和郑纬民，2009）。其中的典型代表 Google docs 可以让用户在线创建、编辑、保存文档。Google 借助云计算，使得增加新服务的边际成本大幅地降低，几乎可以忽略不计。

Google app engine，是 Google 公司推出的云计算服务。是一个由 Python 应用服务器群、BigTable 结构化数据分布存储系统及 GFS 数据储存服务组成的平台，它能为开发者提供一体化的主机服务器及可自动升级的在线应用服务。开发者可以将自己编写的在线应用运行于 Google 的资源上。开发者不用担心应用运行时所需要的资源，Google 提供应用运行及维护所需要的一切平台资源（张建勋等，2010）。

3. 微软云计算平台

微软正在扩大数据中心规模，每个月新增 1 万台服务器，并正式发布名为 azure services platform 的云计算平台。该平台包含了一组子服务：windows azure（云计算操作系统，用来提供云计算平台中的开发、服务托管和服务管理环境）；live services（一组开发模块，使开发人员能方便地构建社会网络应用程序）；SQL services（在云计算平台中提供基于 web 的分布式关系型数据库服务）；NET services（提供基于云计算的访问控制、Internet 服务总线和托管的工作流运算等多个服务模块集合）；share point services & dynamics CRM services（将 share point 和 CRM 的功能托管到云计算平台，开发人员可以在自己的应用程序中与云计算平台中的 share point 和 CRM 功能进行交互）（袁国骏，2009）。

除此之外，其他各大互联网巨头也纷纷涉足云计算，Sun 公司基于"云计算"原理，推出黑盒子计划，为政府、企业，以及大学的数据中心随时提供额外的计算能力；IBM 启动了"蓝云"计划；雅虎则将一个由 4000 台计算机组成的

"云"，开放给卡内基梅隆大学的研究人员。

3.1.6　云计算总结

云计算，作为一个新兴的商业计算模型，可能会颠覆整个软件产业，其应用和许可被随时购买和生效，应用运行在云端，而不是本地机器。所有应用程序所需的计算能力、存储、带宽全部由数据中心来提供。

云计算不仅影响着现代商业模式，还会影响到开发、部署、运行、交付应用的方式。用户无须部署计算能力强大的客户端软件，而是直接从云端获取计算能力，并按照使用情况支付费用。这种方式，与我们日常生活中使用煤气、水电一样，按需购买和使用，而不需要用户去生产煤气、自来水和发电。具体来说，云计算对用户而言，有着重要的意义（何明等，2010）：

(1) 用户端负载降低；

(2) 降低总体拥有成本；

(3) 可能将应用的开发与基础设施维护相对分离；

(4) 可能将程序代码与物理资源分离；

(5) 不需要为一次性任务或罕见的负载状况准备大量设备；

(6) 按需扩展资源；

(7) 使应用具有高可用性；

(8) 快速部署应用；

(9) 按需使用付费。

将计算变为一种服务，一直是人类的梦想。与分布式计算、网格计算主要由学术界倡导不同，云计算以企业为主导，在巨大商业利益刺激下，云计算必将得以飞速发展（唐红和徐光侠，2010）。虽说云计算尚存在一些问题需要解决，但是丝毫不会影响云计算已经成为下一代信息技术的发展趋势。

3.2　网　络　融　合

对比工业经济与电子商务这两种生产力的发展方向时，我们能够清楚地看到：工业经济的生产力发展方式是"分化"，即在由分工创造财富的同时，使得生产和消费发生分离，是一种"迂回经济"；而电子商务的生产力发展方式则完全相反，主要通过网络将生产与消费"融合"到一块，通过生产与消费的融合来创造财富，是一种"直接经济"。这种生产与消费的融合，恰恰是通过技术融合、功能融合，以及产业与社会的融合而实现的（周红，2003）。全球网络经济以及电子商务的迅速发展，因特网、广电网、语音电话网的网络融合日渐受到人们的关注。网络融合成为未来网络以及相关产业的总体发展趋势。网络融合将为发展下一代电子商务提供技术基础，为电子商务模式发展创新提供必要条件。

3.2.1 网络融合概述

传统的通信网络都是为了实现单一目的而建立的，不同的网络由于其基于特有的技术特点，而只能提供与之相关联的服务。由于各种类型网络所处的特定环境与技术特性，某个网络无法全部代替所有网络提供的功能，所以在不同网络上都发展出了其独特的产业链。随着网络规模以及用户业务的不断发展，这种分而治之的网络格局逐渐暴露出问题：网络结构、标准体系日趋复杂，使得信息不能得到高度共享；提供综合服务的能力有限，用户需要部署各类网络应用；网络结构的复杂性导致网络维护、管理的成本过高。基于上述问题，业界开始逐步将目光放到了"网络融合"（network convergence）上面。

网络融合已经受到广泛关注，但是对于网络融合的概念并没有一个统一的说法。业界以及学术界从不同的角度对网络融合给出了不同的定义和理解。有学者认为，网络融合是产业融合的一种特殊形式，因此，应该把网络融合研究纳入产业融合研究框架。Greenstein 和 Khanna（1997）把计算机、电信和广播电视之间的融合定义为"为了适应产业增长而发生的产业边界收缩或者消失"。Newbery 从数字技术和带宽扩展的角度，将网络融合解释为网络间的技术功能整合（纽伯里，2002）。国际电信联盟（The International Telecommunication Union，ITU）则认为，网络融合（network convergence）就是通过互联、互操作的电信网、计算机网和电视网等网络资源的无缝融合，构成一个具有统一接入和应用界面的高效网络，使人类能在任何时间和地点，以一种可以接受的费用和质量，安全地享受多种方式的信息应用。一般来说，网络融合指的是采用数据包网络实现语音（电话）、视频和数据服务，并逐步淘汰传统的电路交换公共交换电话网络（PSTN）。

虽然"网络融合"并没有一个非常完美的定义，但是它让人们逐渐意识到网络融合问题的重要性，为随后的研究奠定了一定的共识基础：网络融合的前提是技术和需求的替代性及互补性，它们共同决定了融合网络之间的竞争与合作关系（顾成彦和胡汉辉，2008）。

3.2.2 网络融合的原动力

纵观欧美以及我国目前所进行的网络融合，其主要三大推动力分别为：用户需求、技术进步，以及政策管制。

1. 用户需求

用户的市场需求是网络融合的关键驱动因素。用户需求越来越朝着个性化、多样化的方向发展。提供能够消除网络异构所带来的复杂性，为用户提供个性化简单操作界面的服务，如"一号通"、"单点登录"等服务，越来越受到用户的认可和欢迎。另外，运营商为了能够满足上述用户需求，必须依靠一个低成本的网络和平台，正因为降低成本、扩张业务等需要，运营商也更加期待网络融合。事实上，大凡以纯技术为主导来推动产业进步的，大多以失败而告终。技术进步，但是用户不认可，就会形成叫好不叫座的局面，无法进一步推动产业化发展。所以，用户的需求是带动产业化发展的根本动力，而作为代表新一代网络发展趋势的网络融合也不例外。

2. 技术进步

通信软件、集成电路等技术的进步，使网络融合成为可能，尤其是软交换技术术将是网络融合的关键技术。软交换将是下一代网络的核心设备，并应用于控制层。利用软交换分组技术的优势，能够实现简单、高效、灵活的网络拓扑，降低运营成本，并开发新的业务，提供差异化服务。目前，全球运营商已建成250多个软交换商用实验网，我国各大运营商也在积极部署软交换的商用试验。试验表明，软交换技术已日益成熟，正由试验阶段逐步走向商用阶段。技术进步为网络融合的实现奠定基础。

3. 政策管制

伴随着客户需求、业务模式创新以及利润来源的巨大变化，电信网、互联网、广播电视网之间的严格界限也变得更加模糊。国家电信政策在逐渐放松，如对放开电信管制、对下一代网络（next generation network，NGN）的部署、广播电视的交叉经营许可等，使得新进入运营商与现有运营商展开激烈的竞争，从而形成网络融合的内在动因。政策管制的放松与鼓励，可以看做网络融合的催化剂。

用户需求作为关键驱动因素，基础进步为实现网络融合提供可能，再加上国家政策的放松与鼓励，构成了网络融合的原动力，一触即发。

3.2.3　网络融合内容

根据网络融合的定义，网络融合大体上可以分为三个层次，即技术融合、业务融合、市场管理融合。

1. 技术融合

技术融合在整个网络融合中处于基础作用。网络技术融合的重点主要体现在通信网络的融合。即传统电信运营商本身固网中的语音网与数据网融合，以及全业务电信运营商固网与移动网的融合。

1）语音网与数据网融合

我国传统电信运营商在传输层面之上承载着两大业务网——语音网和数据网。语音网以电信运营商 PSTN 网络为主；数据网则是根据每个具体的数据业务建立的一张相对独立的网络。而随着技术的发展，现有网络的分层面开始融合。在现有网络分层面融合后，固网语音、数据两大基础网也将完成融合，此时应该出现的是一张层次清晰而简单的网络，如底层以 ASON/ASTN 为基础的智能光传送网络，业务承载层统一为以软交换为核心的分组交换网络（姚世宏，2005）。

2）固网与移动网融合

国内外具有移动牌照的运营商与提供固话业务的电信运营商，在建设移动网时都尽量建立一个包含无线接入、交换、传输的完整网络，其实，移动网与固网除了在用户接入层采用的技术截然不同外，其他都非常类似，固网、移动网必然要融合。而且研究发现，国外全业务电信运营商网络融合的涉及面更加宽广一些，其他非电信业界的思想也开始反映到这个范围内的网络融合中。最终，移动网、PSTN 网和互联网这三个网络相融合的结果，即下一代网络的核心必然是统一的广义的 NGN（殷鹏等，2005）。

3）终端融合

网络融合必然导致终端设备的变革，传统有着不同使用目的的终端设备会朝着多功能化的方向发展。用户终端不再是传统意义上的通信终端或是娱乐终端，除了终端设备的兼容性、通用性之外，还讲求融合性、个性化。今后的终端设备不仅承载着手机的通信功能，还具有计算机的因特网、电视的视频音频功能，使终端设备具有更好的移动性、高速性、内容丰富性等优势。摒弃不同网络之间的异构化，用户终端更加便捷、易用，同时针对不同用户群体也将出现各种个性化终端。

2. 业务融合

业务层融合包括两部分：业务提供系统的融合与业务管理系统的融合，以实现统一的业务管理功能和业务提供功能，并实现体系架构上良好的重用性和可扩展性（赵慧玲和董斌，2007）。

1）业务提供系统的融合

业务提供系统的融合，是指可通过融合的、统一的业务提供平台（包括业务执行环境和业务开发环境），利用同时访问和控制多个网络的多种网络能力，为多网用户提供跨网络的、结合语音视频数据等多种网络能力的、融合的应用业务。网络的业务主要由语音、数据、视频等多媒体业务构成，传统的网络业务构成将发生根本性改变，网络业务将朝着数据业务为中心的多媒体方向融合。

2）业务管理系统的融合

业务管理系统的融合，是指通过构建统一的业务管理系统，并与业务运营及管理支撑系统（MBOSS）相结合，实现对应用业务开发和运行的统一管理、对使用业务用户的统一管理、对使用电信网络资源的第三方 CP/SP 的统一管理。如统一认证、统一账号、统一计费、统一账单、统一业务受理、统一门户等。以目前我国电信运营商中国电信为例，中国电信推出的"我的 E 家"，融合了固话、宽带（ADSL）、移动电话（天翼、小灵通）等服务。不仅提供高速宽带接入、无线宽带漫游上网、丰富的理财、视频娱乐等应用，还可以享受长途电话、固话和 E 家电话互打免费等通话服务，让用户体验到信息服务、互联网应用，以及随时随地自由通信等更多乐趣。

3. 管理融合

传统的通信市场一直以技术为导向，即有什么技术便提供什么服务。而随着用户需求多样化的出现，驱使运营商不得不加快研发新技术和推出新服务。这种市场需求的改变，引发运营商的管理体制和运行架构发生了重大改变。对比国外大型电信运营商的转型，也可以看出：有的电信运营商历史悠久，而有的运营商则是借助网络融合而崛起的后起之秀。例如，拥有全业务经营牌照的运营商，其内部固网交换部门与移动交换部门能够合二为一。抛开运营商发展历史，其运营架构和管理机制都在朝着融合的趋势转变。

4. 监管融合

当技术条件日渐成熟之时，电信管制的放开与市场竞争的需要成为关键因素。电信行业的信息管理体制与政策法规也正在发生重要变革，国家不断制定相关政策进一步促进网络融合的发展。政策不断地推动网络融合进一步发展，反过来网络融合也不断推动监管部门的融合发展。

3.2.4　中国网络融合历程回顾

1997 年 4 月，国务院在深圳召开全国信息化工作会议，此次会议讨论通过了"国家信息化总体规划"，规划中提出"我国信息基础设施的基本结构是'一个平台，三个网'"，这是国家首次提出三网的概念。历经 12 年，2010 年 1 月 13 日，国务院总理温家宝主持召开国务院常务会议，决定加快推进电信网、广播电视网和互联网三网融合。2010 年 7 月 1 日，备受关注的首批三网融合试点城市名单终于出炉，国务院办公厅当日印发第一批三网融合试点地区（城市）名单通知，共计 12 个城市入围本次试点名单。网络融合在我国的发展历程概况如下[①]。

1997 年，第一次全国信息化工作会议上首次提出三网融合。

2001 年 3 月 15 日，第九届全国人民代表大会第四次会议批准的《中华人民共和国国民经济和社会发展第十个五年计划纲要》除了对信息化的发展提出新要求之外，还特别提出要促进三网融合。

2006 年 3 月通过的"十一五"规划纲要中，提出积极推进三网融合。

2008 年 1 月，国务院办公厅《关于鼓励数字电视产业发展若干政策的通知》提出，加快宽带通信网、数字电视网和下一代互联网等信息基础设施建设，推进"三网融合"。

2009 年 2 月，国务院审议通过《电子信息产业振兴规划》，再一次提出推进三网融合。

2009 年 5 月，国务院《关于 2009 年深化体制改革意见》明确提出落实国家相关规定，实现广电和电信企业双向进入，推动三网融合取得实质性进展。

2010 年 1 月 13 日，国务院常务会议决定加快推进广播电视网、电信网与互联网的融合，提出三网融合阶段性目标和五大重点工作及三网融合的总体方案。

2010 年 3 月 5 日，温家宝总理在政府工作报告中明确提出，要积极推进"三网融合"取得实质性进展。

2010 年 6 月 6 日，三网融合试点方案通过。

2010 年的三网融合，再也不是苗头式的试点，三网融合在中国已经箭在弦上。三网融合将全面带动内容产业的建设，并有可能全面激活 IPTV 和手机视频应用。

网络融合，已经成为电信业发展的主要趋势，电信业将面临新的融合格局，即从单一产业链结构，逐步向 TIME（telecom，internet，media，entertainment）型多种生态系统转变，为用户带来更加丰富的互动媒体体验，以及使用任何设备都能轻松访问相同内容和服务的便利性（赵慧玲和姚春鸽，2008）。"网络融合"，并不是电话网、计算机网、广播电视网三个网络的物理合并，更不是现有三个网络的简单延伸与叠加，而是将各自网络本身的优势进行有机的融合。融合，是网络技术和业务发展的趋势，也是中国信息产业发展的客观要求。

3.3　物　联　网

当您驾车时出现操作错误，汽车会提醒您；衣服会告诉您洗衣机适合的温度

---

① 北京周报．"三网融合"历程．http://www.beijingreview.com.cn/2009news/todaynews/2010-06/30/content_282077.htm. 2010-06-30

与用水量；您回家前的一个短信就能让家中的浴缸提前为您放好洗澡水……这些都将是物联网所带来的应用。物联网是继计算机、互联网、无线通信技术之后的第四次信息技术革命，有着极其重要的科学以及应用价值。

3.3.1　物联网概述

物联网的思想起源于比尔·盖茨 1995 年的《未来之路》一书，在《未来之路》中，比尔·盖茨已经提及物联网的概念，但是限于当时无线网络、硬件设施，以及传感设备的发展瓶颈，并没有得到社会的关注与重视。

物联网（internet of things），又被称作传感网，1999 年在美国召开的移动计算机和网络国际会议上提出"传感网是下世纪人类又一发展机遇"。2003 年，美国《技术评论》提出传感网络技术将是未来改变人们生活的十大技术之首。2005 年，在突尼斯举行的信息社会世界峰会（WSIS）上，国际电信联盟（The International Telecommunication Union，ITU）发布了《ITU 互联网报告 2005：物联网》，报告中指出，无所不在的"物联网"通信时代即将来临，世界上所有的物体从轮胎到牙刷、从房屋到纸巾都可以通过因特网主动进行交换①。至此，正式提出了"物联网"的概念。

"物联网"（internet of things），指的是将各种信息传感设备，如射频识别（RFID）装置、红外感应器、全球定位系统、激光扫描器等与互联网结合起来而形成的一个巨大网络。其目的是让所有物品都与网络连接在一起，方便识别和管理。物联网概念的问世，打破了先前的传统思维。传统思维一直是将物理基础设施与 IT 基础设施分开建设，一方面是机场、公路、建筑物，另一方面是数据中心、个人电脑、宽带等。而在物联网广泛应用的时代，钢筋混凝土、电缆将能够与芯片、宽带整合为统一的基础设施，在此意义上，基础设施更像是一个新的地球，世界就在物联网上开展各种活动（新华网，2010）。

3.3.2　物联网体系结构与关键技术

目前，物联网还没有一个广泛认同的体系结构，最具代表性的物联网架构是欧美支持的 EPCglobal 物联网体系架构和日本的 Ubiquitous ID（UID）物联网系统。EPCglobal 和泛在 ID 中心（Ubiquitous ID Center）都是为推进 RFID 标准化而建立的国际标准化团体，我国也积极参与上述物联网体系，正在积极制定符合我国发展情况的物联网标准和架构。EPC Global 是由美国统一代码协会（Uniform Code Council Inc，UCC）和国际物品编码协会（International Article

---

① International Telecommunication Union UIT. 2005. ITU Internet Reports 2005：The Internet of Things

Numbering Association，EAN）于 2003 年 9 月共同成立的非营利性组织，其前身是 1999 年 10 月 1 日在美国麻省理工学院成立的非营利性组织 Auto-ID 中心。Auto-ID 中心以创建"物联网"为使命，与众多成员企业共同制定一个统一的开放术标准（王保云，2009）。EPC Global 的工作流程如图 3-4 所示（刘志峰等，2005）。

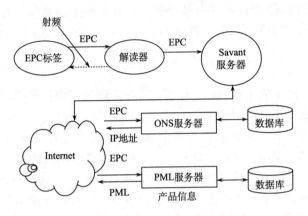

图 3-4　EPC Global 网络工作流程图

物联网作为下一代全新网络体系，是一个现存技术与新技术的融合体。物联网主要有 6 大核心组件，即 EPC 编码、RFID、识读器、Savant（神经网络软件）、对象名解析服务（object naming service，ONS）、实体标记语言（physical markup language，PML）。结合上述 EPC Global 流程，以下将简要介绍物联网的关键技术。

1. EPC 编码（electronic product code，EPC）

1999 年，美国麻省理工学院的 Auto-lD Center 在美国统一代码委员会（Uniform Code Council Inc，UCC）的支持下，将 RFlD 技术与 Internet 结合，提出了产品电子代码（electronic product code，EPC）的概念。随后，由国际物品编码协会和美国统一编码委员会主导，实现了全球统一标识系统中的全球贸易产品码（global trade item number，GTIN）编码体系与 EPC 概念的完美结合，将 EPC 纳入全球统一标识系统码，从而确立了 EPC 在全球统一标识体系中的战略地位，使 EPC 成为一项真正具有革命意义的新技术（蒋亚军等，2005）。

EPC 提供对物理对象的唯一标识，是一种严格意义上的物品标识。EPC 是长度为 64 位、96 位和 256 位的 ID 编码，出于成本考虑现在主要采用 64 位和 96 位两种编码。EPC 编码分为四个字段（江西省科学技术协会，2010），分别为：①头部，标识编码的版本号，这样就可以使电子产品编码采用不同的长度和类型；②产品管理者，如产品的生产商；③产品所属的商品类别；④单品的唯一编号。

储存在 EPC 编码中的信息包括嵌入信息（embedded information）和参考信息（information reference）。嵌入信息可以包括货品重量、尺寸、有效期、目的地等，其基本思想是利用现有的计算机网络和当前的信息资源来存储数据，这样 EPC 就成了一个网络指针，拥有最小的信息量。参考信息其实是有关物品属性的网络信息（任志宇和任沛然，2006）。

2. RFID（radio frequency identification）

RFID 是一种非接触式的自动识别技术，它通过射频信号自动识别目标对象并获取相关数据，识别工作无须人工干预，可工作于各种恶劣环境。RFID 技术可识别高速运动物体并可同时识别多个标签，操作快捷方便。RFID 硬件设备主要包括电子标签和识读器两个部分。当电子标签通过由识读器产生的射频区域时，识读器发出询问信号并向电子标签提供电磁能量，标签获得能量后向识读器返回芯片内存储的 EPC 数据信息。因此，在 RFID 射频系统中不需要标识的可视化，因为识读器不需要"看见"就能读取其信息。

RFID 由标签（tag）、阅读器（reader）、天线（antenna）三个部分组成。每个标签具有唯一的产品电子码（electronic product code，EPC）。该产品电子码 EPC，是为每个物理目标分配的唯一可查询的标识码，也就是其唯一 ID；阅读器是读取（有时还可以写入）标签信息的设备，可设计为手持式或固定式；天线的功用就是在标签和读取器间传递射频信号。举两个通俗易懂的例子：如果 RFID 技术应用于高速收费，那么车辆无须停下来交费，因为 RFID 可以识别高速移动的物体；如果超市收银系统采用 RFID，那么现在超市收银台前排起的长长的队伍将消失，顾客推着购物车经过 RFID 设备时，就已经将所有商品信息获取，无须收银员一件件扫描。

3. Savant

Savant 系统是物联网的神经系统，负责传送和管理解读器识读的信息流。Savant 是美国麻省理工学院 Auto-ID Center 设计的用来加工和处理来自解读器的所有信息和事件流的软件，是连接标签解读器和企业应用程序的重要纽带。它要对标签数据进行过滤、分组和计数，以提高发往信息网络系统的数据质量，防止错误、识读、漏读或多读信息。Savant 系统是物联网的神经系统，是一种企业通用的管理 EPC 采集数据的系统工具（陈峥等，2006）。它是一个树状结构，叶节点叫做 edge savant（ES），树的分支节点叫 internal savants（IS），便于简化结构、提高效率，其示意图如图 3-5 所示。

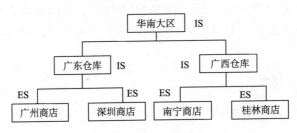

图 3-5　Savant 网络树形结构示意图

　　它可以安装在商店、本地配送中心、区域甚至全国数据中心等数据采集点和
数据管理点，以实现对数据的捕获、监控和传输管理。

　　4. 对象名解析服务（ONS）

　　对象名解析服务（object naming service，ONS）与域名解析服务（DNS）
类似，它用来给 Savant 系统定位某一 EPC 对应的存储该产品有关信息的服务
器。由于 EPC 标签中只存储了产品电子编码，而 Savant 系统还需要根据这些产
品电子编码匹配到相应的商品信息，这个寻址功能就是由对象名解析服务
（ONS）提供的（董晓荔和阎保平，2005）。

　　5. 实体标记语言（PML）

　　实体标记语言（physical markup language，PML）是基于为人们广为接受
的可扩展标识语言（XML）发展而来的。PM 提供了一个描述自然物体、过程
和环境的标准，并可供工业和商业中的软件开发、数据存储和分析工具之用。它
将提供一种动态的环境，使与物体相关的静态的、暂时的、动态的和统计加工过
的数据可以互相交换。物联网中对任何单品的有用信息的描述都可以用实体标记
语言（PML）这种新型的标准计算机语言书写，它将会成为描述所有自然物体、
过程和环境的统一标准而得到非常广泛的应用（蒋亚军等，2005）。

　　6. 传感器网络技术

　　传感器网络，是整个物联网的核心所在，主要是解决物联网中的信息感知问
题。物品总是在流动中体现它的价值或是使用价值，如果要对物品的运动状态进
行实时感知，就需要用到传感器网络技术。传感器网络通过散布在特定区域的成
千上万的传感器节点，构建了一个具有信息收集、传输和处理功能的复杂网络，
通过动态自组织方式协同感知并采集网络覆盖区域内被查询对象或事件的信息，
用于跟踪、监控和决策支持等，"自组织"、"微型化"和"对外部世界具有感知
能力"是传感器网络的突出特点。这里需要注意的是，传感网只是物联网感知、

获取信息的一种重要的技术手段,不是物联网涉及技术的全部,不能因为传感网在物联网中的核心地位,或者从局部利益或个人目的角度出发将物联网等同于传感器网络(胡向东,2010)。

3.3.3　物联网发展情况

自从 1999 年物联网理念被提出之后,得到越来越多国家的重视,这也促进了物联网的进一步发展。

1. 欧美

2000 年,美国投入 470 亿美元将传感网定为五大国防建设项目之一;2009年,IBM 提出“智慧地球”理念后,新上任美国总统奥巴马将其提升至国家战略层面,将新能源和物联网作为振兴国家经济的两驾马车;2009 年 6 月,欧盟委员会向欧盟议会、理事会、欧洲经济和社会委员会及地区委员会递交了《欧盟物联网行动计划》(Internet of Things—An action plan for Europe),以确保欧洲在建构物联网的过程中起主导作用。2009 年 10 月,欧盟委员会以政策文件的形式对外发布了物联网战略,提出要让欧洲在基于互联网的智能基础设施发展上领先全球,除了通过 ICT 研发计划投资 4 亿欧元,启动 90 多个研发项目提高网络智能化水平外,欧盟委员会还将于 2011~2013 年每年新增 2 亿欧元进一步加强研发力度,同时拿出 3 亿欧元专款,支持物联网相关公私合作短期项目的建设(王亚唯,2010)。

2. 亚洲(日本韩国)

2004 年,日本信息通信产业的主管机关总务省(MIC)提出 2006~2010 年的 IT 发展任务,即 U-Japan 战略。该战略的理念是以人为本,实现所有人与人、物与物、人与物之间的连接,即所谓 4U=for you (ubiquitous, universal, user-oriented, unique),希望在 2010 年将日本建设成一个“实现随时、随地、任何物体、任何人(anytime, anywhere, anything, anyone)均可连接的泛在网络社会”。

继日本提出 U-Japan 战略后,韩国也于 2006 年确立了 U-Korea 战略。U-Korea 旨在建立无所不在的社会(ubiquitous society)。2009 年 10 月,韩国通信委员会通过了《物联网基础设施构建基本规划》,将物联网市场确定为新增长动力(上海科学技术情报研究所,2009)。

3. 中国

早在 1999 年,中国科学院就开始研究传感网;2006 年,我国制定了信息化发展战略；2007 年，十七大提出工业化和信息化融合发展的构想。2009 年 8 月 7 日，温家宝总理在无锡视察中科院物联网技术研发中心时指出，要尽快突破核心技术，把传感技术和 TD 通信技术的发展结合起来。2009 年 9 月，我国传感网标准工作组建立。随后又在上海的浦东国际机场和世博园区建造了目前世界上最大的物联网技术系统。2009 年 11 月 3 日，国务院提出要着力突破传感网、物联网关键技术。随后，工信部开始统筹部署宽带普及、三网融合、物联网及下一代互联网发展，并将物联网发展列为我国信息产业三大发展目标之一。"物联网"迅速跃入人们的视野，成为热门话题，在 2010 年的两会期间更是与"低碳经济"一起成为众人瞩目的焦点（吴帅，2010）。短短几年之内，物联网在我国政府的大力支持下，已经由一个单纯的科学术语向产业化道路迈进。

参 考 文 献

陈康，郑纬民. 2009. 云计算：系统实例与研究现状. 软件学报，(5)：1337～1348

陈峥，刘慧，宫雪. 2006. 物联网之 Savant 体系结构的分析研究. 物流科技，29 (7)：18～21

董晓荔，阎保平. 2005. EPC 网络中的 ONS 服务. 微电子学与计算机，22 (2)：17～21

顾成彦，胡汉辉. 2008. 网络融合理论研究述评. 外国经济与管理，30 (6)：22～50

何明，郑翔，赖海光，等. 2010. 云计算技术发展及应用探讨. 电信科学，(5)：42～46

胡向东. 2010. 物联网研究与发展综述. 数字通信，(2)：17～21

冀勇庆. 2010. 云计算的五个层次. IT 经理世界，(5)：26

江西省科学技术协会. 2010. 浅析什么是"物联网". http://www.jxkx.com.cn/san.asp? ID=5132

蒋亚军，贺平，赵会群，等. 2005. 基于 EPC 的物联网研究综述. 广东通信技术，25 (8)：24～29

匡胜徽，李勃. 2010. 云计算体系结构及应用实例分析. 计算机与数字工程，38 (3)：60～63

刘鹏. 2009. 云计算技术原理. http://www.chinacloud.cn/show.aspx? id=1929&cid=12

刘志峰，张宏海，王建华，等. 2005. 基于 RFID 技术的 EPC 全球网络的构建. 计算机应用，25 (B12)：14，15，19

纽伯里. 2002. 网络型产业的重组与规制. 胡汉辉等译. 北京：人民邮电出版社. 291～294

任礼. 2010. 小议云计算体系结构及其应用. 硅谷，(9)：104

任志宇，任沛然. 2006. 物联网与 EPC/RFID 技术. 森林工程，22 (1)：67～69

上海科学技术情报研究所. 2009. 物联网及其发展概述. http://www.istis.sh.cn/list/list.aspx? id=6380.

唐红，徐光侠. 2010. 云计算研究与发展综述. 数字通信，(3)：23～28

王保云. 2009. 物联网技术研究综述. 电子测量与仪器学报，23 (12)：1～7

王鹏. 2009. 走近云计算. 北京：人民邮电出版社

王亚唯. 2010. 物联网发展综述. 科技信息，(3)：7～37

吴帅. 2010. 我国物联网的发展现状与策略. 科技创业月刊，(5)：51，52

新华网. 2010. 物联网概念的历史溯源. http://news.xinhuanet.com/eworld/2010-06/18/c_12233695.htm

姚世宏. 2005. 中国电信网络融合问题研究. 兰州大学学报（社会科学版），33 (6)：123～128

殷鹏，孙精科，张巍，等. 2005. 国外网络融合模式对我国的借鉴. 当代通信，(2)：37～39

袁国骏. 2009. 浅谈云计算及其发展应用. 实验室科学，(2)：103～105

张建勋，古志民，郑超. 2010. 云计算研究进展综述. 计算机应用研究，(2)：429～433

赵慧玲，董斌. 2007. 网络融合和业务融合的探讨. 中兴通讯技术，13（1）：5～9

赵慧玲，姚春鸽. 2008. 走向融合——全业务经营的第三次浪潮. 移动通信，32（21）：11～14

周红. 2003. 网络融合与电子商务. 商讯商业经济文荟，（2）：36～38

Greenstein S，Khanna T. 1997. What does industry convergence mean? //Yoffie D B. Competing in the age of digital convergence. Boston A：Harvard Business School Press. 201～225

Wang L，von Laszewski G. Scientific cloud computing：early definition and experience. Procof the 10th IEEE International Conference on High Performance Computing and Communications

第4章 第三次电子商务浪潮

经历了1995~2001年的第一次浪潮、2001年至今的第二次浪潮，电子商务迎来了第三次浪潮。第三次浪潮主要体现在：全程化、垂直化、移动化、泛在化等十个方面。

4.1 B2C 或将超越 C2C 成网购主流

根据世界工厂网数据研究中心公布的《2010.Q1中国网民电子商务行为研究报告》① 的数据监测统计显示，2010年，第一季度B2B市场交易规模占电子商务交易市场的91.67%，B2C所占比例为0.73%，C2C所占比例为7.6%。从数据上来看，B2B仍旧占据我国电子商务霸主地位，虽然B2C的份额还不及C2C的1/10，但是B2C的增长速度远远高于C2C，随着B2C阵营的不断扩大和用户购物需求的转移，B2C发展势头良好。中国互联网信息中心发布的《第二十六次中国互联网络发展状况统计报告》显示，互联网商务化程度迅速提高，截至2010年6月，全国网络购物用户达1.4亿，网络购物使用率达到33.8%，其中，B2C网上购物越来越受到网民的青睐。

4.1.1 不要迷恋 C2C 只是个传说

1. 中国 C2C 发展简史

1999年8月，由邵亦波创立的易趣网正式上线，开创中国C2C先河。随后，2002年3月，国际C2C巨头eBay注资易趣网3000万美元。2003年5月，阿里巴巴正式推出淘宝网；2005年9月，腾讯推出拍拍网；2008年10月，百度推出有啊。至此，中国C2C市场形成了淘宝、易趣、拍拍、有啊四足鼎立的局面。

2. C2C 快速发展原因分析

C2C在中国超过B2C，占据电子商务市场上风，大体上是因为：解决了中国电子商务三个瓶颈（诚信、支付、物流）、免费、使用方便（进入门槛低）。

---

① 2010年第1季度B2B等电子商务市场交易额统计分析. http://b2b.netsun.com/detail-5122236.html

1) C2C 解决电子商务中的三大瓶颈

诚信：用户在以往的网上购物中，最担心的是受骗。C2C 平台推出各种诚信机制，如交易后评价、投诉、店铺等级（皇冠、钻石等），形成了一个良性的交易环境。

支付：对商家来说，采用货到付款的方式不利于资金流的快速回笼；对用户来说，采用在线支付的话，担心权益无法得到保障。C2C 网站推出各种支付工具，如支付宝、财付通等来解决支付问题。客户资金暂时由这些支付工具保管，只有当用户确认收货之后，货款才会真正打入商家账户，有效避免上当受骗的问题。

物流：事实上，C2C 必定会涉及物流。我国物流行业发展迅速，这也为C2C 的全面开花奠定了基础。

2) 免费

目前在各大 C2C 网站上开设网店是免费的，这吸引了众多中小商家进入，大大丰富了 C2C 上的商品数量，同时吸引了更多的用户。

3) 进入门槛低

进驻 C2C 开网店的门槛非常低，只需掌握基本的计算机操作技能即可。这为中小企业尤其是个人提供了极大的便利，吸引大量商家进驻。

3. C2C 赢利模式不明

事实上，C2C 并不缺乏有效的盈利模式，易趣通过商家登录物品收费、按交易收费等方式来获得赢利。但是，自从淘宝网 2003 年利用免费策略挫败易趣，坐上 C2C 头把交椅之后，C2C 赢利变得遥遥无期。

2005 年，在承诺淘宝免费三年之后，马云再度承诺淘宝免费三年，而此时在淘宝上的投入已经超过 14.5 亿元。随后，腾讯拍拍也承诺免费三年。2006 年5 月，淘宝网试图推出"招财进宝"来尝试盈利时，拍拍网通过"蚂蚁搬家，搬出美好前程"的免费策略来挖走淘宝用户。淘宝网不得不停止收费，继续免费策略。从某种意义上讲，马云当初为了抢占 C2C 市场而精心策划的"免费大餐"，现在却成了桎梏 C2C 行业收费的枷锁。消费者一旦形成免费的习惯，如果收费就会引起激烈的反弹和对抗，使众多网站无法应对。同时，市场是一个竞争的环境，你若收费，竞争对手正好用这种方式打击你，用免费把你的客户群争夺过去（梁欣，2008）。C2C 收费或许只是一个传说。

4. C2C 商品质量鱼龙混杂

由于进入门槛低，不用备案注册，任何人都可以开店，无须承担责任，C2C上的商品质量难以得到保证，山寨货、假货屡见不鲜，一方面，消费者的合法权益无法得到保障，这使得 C2C 平台的吸引力大为降低。另一方面，假货、山寨货的泛滥，使得 C2C 在商品价格上始终压制着 B2C。

4.1.2　B2C 异军突起　成网购新秀

有"中国电子商务第一人"之称的王峻涛于 1999 年 5 月成立了中国第一个 B2C 网站，即 8848。电子商务在中国的发展已经走入第 11 个年头了，我国的网络购物虽然以 B2C 起家，但是发展速度远远低于 C2C。B2C 高开低走，2000 年的互联网泡沫让电子商务先驱 8848、E 国们成了先烈，卓越跟着亚马逊改了姓，当当网频传被收购……B2C 一度成了无人问津的荒凉地。

随着网上购物理念的升级、法律法规制度的健全，B2C 开始突飞猛进地发展。尤其是 2008 年，除了传统大鳄卓越亚马逊、当当网之外，还涌现出一大批非常优秀的垂直 B2C 网站，从以"不是米莱，不是钱小样，不是大明星，我是王洛丹"为代表的凡客们，到以专注 3C 电子商品的京东、新蛋们；从卖妇婴产品的红孩子，到卖珠宝钻石的钻石小鸟。

与此同时，传统企业也将眼光转向 B2C，从银泰百货到正佳广场，从中国邮政的邮乐网到富士康的飞虎网，B2C 电子商务在中国的发展出现了井喷。

而以北京王府井、武汉中百、上海百联为代表的"国家队"吹响进军电子商务的号角后，国有资本的进入将掀起 B2C 新一轮发展浪潮。另外，中国的电子商务发展也出现了新的看点，之前以风险投资驱动的电子商务转向以用户市场需求驱动。

在美国，B2C 与 C2C 的交易规模①比为 6∶4；而在中国，此比例则为 9∶1。中国电子商务优先从 B2B、C2C 领域发展，有着特殊的中国特色和中国国情。中国人喜欢物美价廉的商品，对讨价还价颇有兴趣，而 C2C 模式正好迎合国内用户的需求。

"正如秀水街会被百货商场取代一样"，从长远发展趋势来看，未来 B2C 会逐渐蚕食、取代 C2C 市场。许多 B2C 企业很长时间还没有盈利并非因为其商业模式存在问题，而是管理和执行力以及营业规模的原因，一旦达到规模和有优秀的管理，盈利只是迟早的事情（刘晓云和黄婕，2009）。10 年前的美国与今天的中国有着惊人的相似之处，当时 C2C 巨头 Ebay 的规模是亚马逊的几百倍，而时至今日，亚马逊已经将 Ebay 远远甩在后面。B2C 有其天然优势。

1. 商品质量

B2C 模式中的主导企业有较好的经济实力，由于直接面对消费者，所以，

---

① 雅虎．B2M 网站：企业最好的营销方式．http://digi. cn. yahoo. com/yxk/20091103/12se. html

所售商品的品质能够得到保证。高质量的商品，能够树立企业的形象，同时用户也会二次、多次购买，形成良性循环。

2. 价格

如果仅仅是单纯对比价格，B2C 在价格方面，可能没有 C2C 有优势。但是，在比较价格的同时，更应该注意到商品的品质。尚且抛开厂家 B2C 不谈，就拿零售型 B2C 与 C2C 上的卖家对比，零售型 B2C 由于其强大的议价能力，能够获得非常大的折扣；而 C2C 卖家议价能力有限，同样一件正品商品，其进货价格会比零售型 B2C 要高。所以，从正品商品价格方面来看，C2C 的价格优势已经不大。

3. 售后服务

现今消费者的购物心理，已经从最早之前的便宜转移到服务上来。B2C 的售后服务品质远比绝大多数 C2C 的要好。这主要还是因为 B2C 的经济实力较强，能够建立起完善的售后服务系统，如 24 小时客户热线，这些是普通 C2C 卖家所不能企及的。完善的售后服务，能够进一步提高消费者满意度，拉近与消费者之间的距离。

4. 消费维权

虽说 C2C 上有一定的保障措施（比如 7 天后免费退换货），但是一些特定的商品无法在短时间内全面评测出其真实情况，7 天之后，一旦发生纠纷，消费者投诉无门，最多只能在网络上发帖加以声讨。而 B2C 模式中，购物发生纠纷，消费者能通过消费者协会等部门进行维权，保证自己的正当权益。

5. 物流

C2C 卖家物流大多借助第三方物流，并且是零星发货，这在一定程度上会延迟发货速度。而 B2C 的物流发货量较大，发货时间延迟较小，能够在较短时间里将货物送达用户手中。

除此之外，B2C 盈利模式清晰，这也让短期内盈利无望的 C2C 平台运营商对 B2C 觊觎已久。淘宝网在 2008 年正式推出"淘宝商城"，试水 B2C；2010 年，百度则拉上日本电子商务巨头乐天，成立 B2C 网络购物商城乐酷天，目前正在招商中。

4.1.3　中国 B2C 发展趋势

众多企业和网站的不断推进，B2C 势必将迎来一个黄金发展期，以下将综合上文对我国 B2C 发展趋势作一个总结，同时提出一些进入与发展的相关策略供参考。

1. 垂直 B2C 前景看好

对比综合性的 B2C（如当当网、亚马逊）而言，在细分市场之后，垂直 B2C 对特定人群提供服务，一方面能够避免与 B2C 大鳄正面竞争；另一方面，专注特定行业，有助于提升专业化网站竞争力。国内的 B2C 大多从细分某个市场切入，像衬衫 B2C 凡客、母婴用品的红孩子等。中小企业在准备切入 B2C 市场时，应该从垂直细分市场入手，而不是做"沃尔玛"。

2. B2C 产品线更加丰富

随着加入 B2C 的厂商数量的不断增加，涉及行业也越来越广泛，B2C 上产品的种类与数量也越来越多，丰富了全网 B2C 的产品线，有效弥补了我国 B2C 市场上长期以来的劣势——产品线不全。

3. 传统线下企业试水 B2C

网络环境的改善、购物理念的升级，让传统企业将目光瞄上了线上销售。线下零售企业加快部署 B2C 商城建设，积极开拓网上销售市场；而传统生产商，则在原有的销售渠道之外，借助综合性 B2C 网站来拓展业务。

4. 大型垂直 B2C 寻求多元化发展

很多企业在原先垂直细分的基础上获利之后，都会寻求多元化发展之路，试图摆脱对单一行业的依赖，这样一方面能够减少企业运作过程中的风险，另一方面则能为企业增加营业收入。以图书音像起家的当当、卓越，现在已经不再局限于这些产品，也涉足电子、居家等多元化业务。不过，企业在寻求多元化战略发展的同时，更应该注意到其风险所在。

5. 电子商务模式融合

所谓的电子商务模式融合，主要是指一般意义上的 B2B、B2C、C2C 的边界越来越模糊，有着融合的趋势。所以说，淘宝不再是单纯的 C2C，京东也不再是纯粹的 B2C。电子商务的融合主要体现在以下三个方面。

（1）B2C 网站尝试引入第三方销售商，将经过认证的第三方商品放到网站上销售。例如，京东计划开放第三方平台，引入品牌商的商品。

（2）C2C 平台上开设 B2C 商城来盈利。这主要是目前的淘宝商城和百度的乐酷天。

（3）B2B2C 作为电子商务模式的新物种，其内涵和外延较为宽泛，人人都有不同的理解。一般认为：第一个 B 是广义上的卖方（我们简称为大 B），第二个 B 是电子商务交易平台（简称电商平台），C 不仅指一般买家，也包括公司。其一般的运作方式是：任何的 C 都能够通过电商平台（第二个 B），或购买或是代理分销大 B 的产品。①如果 C 是个人，则表现为购买，购物流程与普通购物流程一样；②如果 C 是公司，C 可以成为大 B 的分销商，在电子商务平台上销售大 B 的商品。用户在电子商务平台上通过 C 公司购买某商品后，订单信息自动传送给大 B，大 B 负责发货等后续操作。这里，我们可以看到在这个销售链上，作为公司的 C 没有发生物流环节，有助于提升整个销售链的效率。当然，这种模式也存在一些问题，限于篇幅，不再赘述，有兴趣的读者可以参考其他资料。

6. B2C 的升级版 B4C

所谓 B4C（business for consumer），旨在提升电子商务服务水平，当然这也是整个电子商务的发展趋势之一。B2C 中不免会出现同质化现象，此时的企业竞争力不再体现为产品的价格和产品本身，而是体现在服务水平上。优质的服务能带来更多回头客，自然也能为企业创造更多的价值。

电子商务的大潮中，越来越多的网站、企业、商品加入到 B2C 平台中，我国电子商务也开始迎来全网销售的时代。虽然 B2C 存在诸如同质化、投资大等问题，但是 B2C 作为网络购物的主流发展趋势已经显现。11 年磨一剑，B2C 厚积薄发的时代来临了！

4.2　垂　直　化

在摆脱"信息贫瘠"的过程中，越来越多的网站涌现出来，博得用户眼球的注意。然而单一的服务，以及海量繁杂的信息已经不能满足用户的要求。网民从早前的好奇、追求时髦，到现在的理性与实际。用户更加需要专业化、实用的知识与服务。

另外，随着上网人数的增加以及不同兴趣群体的形成，大而全的门户网站面对众口难调的局面，显得无能为力。而此时一些满足特定领域（行业）、特定需求（爱好）的网站应运而生。其网站内容向纵深化方向深入，被人们形象地称之为垂直网站（vertical website）。

4.2.1　垂直网站的特点与优势

有人给出这样的形象比喻：门户网站是摊煎饼，面积越大越好；垂直网站是掏耳朵，要有一定深度才会舒服。垂直网站将精力集中于某些特定的领域，或是某种特定的需求，提供与此有关的全部深度信息以及相关的服务，成为电子商务的新亮点。垂直网站具有"专、精、深"的行业特色。

1. 行业精耕细作 更具价值

垂直网站"专、精、深"的特点，虽然失去了一部分非专业用户，却可以有效地把对某一特定领域感兴趣的用户及潜在用户长期持久地吸引住。从商业角度来说，针对某一特定人群的垂直网站更具有市场价值。在失去一部分用户的同时，却向特定用户提供高质量的专业化服务，并根据用户个人资料，以需求定服务，无论是对用户还是对商家来说，垂直网站都具有非常好的针对性，有着不可低估的商业价值。

2. 小而精 避免与大而全的门户竞争

垂直网站只专注特定行业，提供某一方面的专业信息资讯，而避免走"大而全"的道路。垂直网站纵深化的发展策略，避免与现有门户网站模式发生同质化竞争。现今的门户网站多是经历了 2000 年互联网泡沫幸存下来的，一方面，运营能力强，是很多后来者无可匹敌的；另一方面，门户网站资金和人才实力雄厚，一般创业者很难达到。所以，垂直网站的发展模式，能够有效避免与门户网站的正面竞争。

4.2.2 行业垂直网站

金融界、前程无忧、空中网等垂直网站相继上市，尤其是垂直 B2B 网站——中国化工网的上市，为中国垂直网站注入了一支强心针。在这些上市网站中，中国化工网可谓是众望所归的 No.1，它成为第一个上市的中国 B2B 网站。一个页面设计毫无美感可言的网站占据了行业内 70% 以上的交易份额，作为一个行业垂直网站，中国化工网年盈利达到 5000 万元（田旭，2006），远远超过国内某些综合性 B2B 平台。

每个行业都有其独特的市场环境、经济环境、法规政策、行业资源。各行业千差万别，作为综合门户的电子商务网站，虽然容易聚合规模效益，但毕竟是外行人，无法深度挖掘具体行业，不能完全满足细分市场的需求。因此，电子商务的发展要求垂直电子商务厂商的大量出现，以填补空白、满足电子商务市场的新需求（张如敏和王传宝，2007）。

行业垂直网站的真正价值是对垂直用户更了解，在内容专业性和用户群体集中性方面都是门户站点所无法比拟的，具有很大的发展潜力，其价值在于用户量和用户黏性。垂直网站的优势，首先体现在行业细分保证了信息的准确性，消费者可以在一个行业垂直网站上对该行业的新闻资讯、产业信息等进行全方位的解读以保证获取信息的有效性。同时，垂直网站吸引的特质人群还可能成为广告主们心仪的口碑媒介和传播对象（石玉和赵锐，2009）。

4.2.3　垂直搜索引擎——以商品搜索引擎 GidSoo 为例

提及搜索引擎，大多数人会想到 Google、百度等通用搜索引擎。搜索引擎发展至今，Google、百度等巨头凭借市场平台，能够朝着横向发展，将产品线延伸至各个相关领域，为用户提供服务。但是，通用搜索引擎在某些领域的检索功能远远不能满足用户需求，存在诸多问题。

1. 误检率较高

搜索引擎误检率是指当进行检索时，搜索引擎把所有信息分为两部分，一部分是与检索要求相匹配的信息，并被检索出来，用户根据自己的判断将其分成相关的信息（命中）a 和不相关的信息（垃圾）b；另一部分是未能与检索要求相符合的信息，根据判断也可将其分为相关信息（遗漏）c 和不相关信息（正确的拒绝）d。在搜索引擎检索实践中，降低搜索引擎误检率主要是剔除垃圾信息，提高搜索引擎查准率。通用搜索引擎在检索时，会出现多个结果，需要用户一一甄别，如输入关键词"苹果价格"，输出的结果中既有苹果（水果）的信息，也有苹果（iPhone）的信息，而此时用户不得不进行筛选。

2. 漏检率高

根据国内某通用搜索引擎发布的调查结果显示：在搜索输出结果页面，65%～70%的人会看第一页；20%～25%的人看第二页；3%的人看其他页。事实上，第一页检索结果未必就是最有效的，第三页及后面页面的检索结果中，有很多有用的信息，而由于用户没有翻阅，导致人为漏检现象出现。此外，通用搜索引擎用于检索常规性信息、知识，有很大作用，但是作为某一专业领域的检索，就显得有些力不从心。

垂直搜索引擎专注某一个行业（领域）搜索，能为用户提供精准、专业的信息，剔除不相关的垃圾信息。下面以国内最早的商品搜索引擎 Gidsoo 为例，来作简要阐述。商品信息搜索引擎的运作机制与 Google、百度等通用搜索引擎相比，有所差别，同时在查准率、实时性等方面也有着很大的优势。与通用搜索引擎一样，早期的商品信息搜索引擎也是通过网络爬虫程序抓取全网（整个互联网）商品信息，然后加以入库索引。发展到中期时，除了网络爬虫之外，还通过与合作网站的 API 对接共享数据库信息，这是目前绝大多数商品信息搜索引擎采用的方式。

　　国内最早、最大的基于云端数据库与 WIKI 模式的 Gidsoo，是一个全新的商品信息搜索引擎。Gidsoo 搭建数据库平台，各个产业链上的企业无须任何费用、无须安装任何插件，仅通过浏览器便可实现协同工作，将分散在各个角落的信息按照一定标准进行整合。信息的存储，遵循 Gidsoo 的标准格式，而不是松散、杂乱、无序的数据结构，这为以后的行业数据调用、交换、共享、实现整个产业链，乃至全行业信息资源整合奠定基础。所有商品信息储存于远程云端数据库，由专业人员维护，保证数据安全性，而企业无须任何花费来添置硬件、软件、数据库系统等。

　　商品信息搜索引擎的运作方式与通用搜索引擎的运作方式有着显著的不同，这也决定了它独特的优势，主要有以下三个方面。

　　1）公共商业数据库（public business database，PBD）

　　商品信息搜索引擎是建立在公共商业数据库（public business database，PBD）基础之上的。存储在 PBD 中的海量商品和企业信息，具有统一的标准，能够被第三方调用，同时商家能够对数据库中的信息进行实时更新，保证信息的时效性。百度等通用搜索引擎依靠爬虫抓取整个互联网的信息，然后加以索引，当目标网页有变更时，不能随时更新索引库中信息，信息存在很大的迟滞。百度等搜索引擎对数据库本身则没有给予过多的开放，同时由于缺少一些标准与接口，用户很难调用到所需的数据，而 PBD 则是一个开放平台。

　　PBD 能够为企业提供专业、快速、高效的商业数据以及情报解决方案，如为企业提供技术，帮助企业整合、定制标准接口，制定行业标准。基于云端的数据库平台，可以保证用户能够持续访问关键业务应用和数据提供，24 小时不间断、无缝为用户提供各类服务。

　　2）更准确

　　商品信息搜索引擎，专注于商品信息搜索，屏蔽了所有非商品信息。当用户搜索商品时，无须用户人工剔除非商品信息，即能够立刻呈现给用户想要的商品搜索结果，与传统搜索引擎相比，更加快捷、便利。

　　3）结合传统分类法与关键词检索

　　商品信息搜索引擎提供关键词检索功能的同时，还对行业（产业）进行目录的细化与分类。这种专业化的分类目录（又称为"行业分类"或"列表分类"），很容易让用户快速点击目录来获得信息。尤其当用户不太清楚应该用哪个特定关键词来检索时，分类目录显得尤为重要。

　　Gidsoo 打造最精准、最齐全、最有效，并且融入了传感技术、物联网技术、移动技术、实名技术及嵌入芯片的数据库，颠覆了传统搜索引擎的运作模式。全方位提供先进检索方法，按行业、种类、关联度等方法进行检索，创造新的电子商务商务模式和赢利模式。商品垂直搜索引擎与传统搜索引擎比较，商品和服务提供者参与数据库建设，今后的电子商务营销就是数据库营销，解决了电子商务信用问题，商品的精准检索问题、商品展示问题、商品流通问题。商品的物理摆放是杂乱无章的、分散的，而在检索平面的显示则是分门别类、井井有条的。垂直搜索引擎，有别于百度等通用搜索引擎，它在及时性、准确性等方面占有很大的优势。

"专、精、深"，是垂直网站生存发展之根本，它从所处行业入手，对客户以及资讯进行挖掘。洞悉客户需求，在服务方面做专、做精、做细，朝着纵深方向发展。垂直化的小而精，还能避免同质化竞争，尤其是与门户网站的正面竞争，值得中小互联网创业者们优先考虑。

4.3 全 程 化

2010 年 7 月 15 日发布的《第二十六次中国互联网络发展状况统计报告》（中国互联网信息中心，2010）显示，我国宽带普及率达 99.8％，中国网民数量已达 4.1 亿，截至 2010 年 6 月，网络购物、网上支付和网上银行的使用率分别为 33.8％、30.5％和 29.1％。另据中国电子商务研究中心最新发布的监测报告显示，今年上半年中国电子商务市场交易额达到 2.25 万亿元，而今年全年这一数额将超过 4.3 万亿元。电子商务越来越得到企业的重视。从进销存到财务软件，从财务软件到 ERP，从 ERP 到电子商务，我们可以清晰地看到企业电子商务发展历程。

4.3.1 目前电子商务发展瓶颈

1998 年，我国第一个 B2C 网上商城 8848 的出现，电子商务从此掀开盖头走入人们的眼帘。不过，2000 年互联网肥皂泡的破灭，使得人们对电子商务多了几分怀疑，这时电子商务变得低调而沉稳。当中国众多中小企业面临原材料、人力成本上涨、订单减少，感叹"冬天来临"的时候，致力于"让天下没有难做的生意"的阿里巴巴系，再次验证了电子商务的可行性。

1. 中小企业电子商务瓶颈

中小企业纷纷涉足电子商务领域，或借助第三方电子商务平台，或是自建电子商务平台。但是，电子商务所带来的效果并没有预期中的那么美好。

1) 借助第三方平台来开展电子商务

电子商务早期仅限于商流、信息流的线上传输，而资金流、物流等无法在线上完成。另外，对外的商流与对内的信息管理无法有效整合利用。有一定规模的企业每天获得大量订单信息、市场信息，但是这些信息无法直接在这些第三方平台上得以有效管理，还必须得借助企业内部的管理系统（ERP）来对信息进行管理。同时，企业无法通过第三方平台与上游供应商、下游销售商，以及用户进行有效对接和整合。

2）自建电子商务平台

企业自建电子商务平台虽说能够有效整合上下游产业链，但也面临诸多问题。首先，自建平台需要巨额资金投入，这是中小企业无力承担的。其次，自建电子商务平台对技术架构要求高、开发周期长、风险高。最后，自建电子商务平台如何推广？如何将网站流量有效转化为订单？这也是企业自建电子商务平台最难突破的地方。

2. 原因分析

造成上述我国电子商务发展问题的，大体上有以下三方面的原因：企业自身问题、ERP 厂商、第三方电子平台。

首先，由于企业自身认识上的误区，长期以来企业并没有看到电子商务的本质是改善和提升经营活动的模式，也没有看到企业信息化是企业从事电子商务的前提与基础，甚至将企业信息化只是当做经营活动的一种技术手段或是辅助工具来对待（许正军，2009），只是将电子商务作为辅助传统营销和销售的补充。

其次，提供电子商务应用的第三方平台，专注为企业提供信息浏览、信息发布、信息搜索、在线支付等工具。但是，对企业内部流程没有很好把握，无法将类似 ERP 功能的程序模块无缝嵌入在线电子商务平台。有过这方面尝试的阿里巴巴曾试图将其旗下的管理软件阿里软件引入阿里巴巴，不过最终由于某些原因而暂停了。

最后，ERP 厂商在进行系统设计时，仅从产品（服务）角度出发，并没有将企业的经营过程中的"商务"融入 ERP 系统中，这就造成了企业 ERP 与企业经营活动企业电子商务相分离，导致企业前端电子商务应用与后端 ERP 系统严重脱节。

4.3.2　全程电子商务概述

正如前文所述，传统电子商务出现这样的窘境：第三方电子商务平台能做到"找生意"、"做生意"，但是做不到"管生意"；ERP 能够做到"管生意"，但是做不到"找生意"、"做生意"。越来越多企业认识到内部流程与外部交易的整合是一件极其重要的事情。"互联网、广播电视网、电话网"三网融合的大环境下，用户对信息融合服务的需求显得更加迫切，企业的基础应用平台也逐渐由桌面系统向着互联网应用转变。一体化、全程化的电子商务将贯穿整个企业运作的全过程。

一千个人眼中，有一千个哈姆雷特，关于"全程电子上网"的定义也是如此。从"全程电子商务"开始出现的那一天起，各大厂商口水仗不断，甚至诉诸公堂。全程电子商务，是从电子商务衍生出来的一个概念。在国外，学者从不同角度对全程电子商务（integrated E-commerce/integrating E-commerce）进行了阐述。Eric Allen 等（2001）讨论了将产品、价格、促销、分销等传统市场模型整合到电子商务框架中，发展成一个全新的电子商务框架体系。Robert Plant 认为打造全程电子商务战略，有必要联合技术、品牌、服务、市场等关键要素，并予以整合。Mohamed UA 等（2010）提出基于 SOA 来架构一个石油与天然气的全程电子商务枢纽。

全程电子商务，主要是指以 SaaS 模式为企业提供电子商务服务与在线信息管理，实现企业外部商务（交易）流程与企业内部管理的有效协同，通俗点说，是企业内部 ERP 与电子商务的有机融合。全程电子商务平台，为企业提供一种融合电子商务应用（主要针对 B2B、B2C，以及 C2C）、企业内部业务管理、企业之间业务协同的综合性、一站式服务。全程电子商务平台能够帮助企业有效开展电子商务，将内部业务管理与供应链上游的供应商、下游的分销商，以及最终消费者之间的业务管理实现高度协同，是一个集成化的应用服务平台。而各项服务产品，以 SaaS（software as a service，SaaS）模式提供，企业按需付费使用相关模块。

4.3.3　全程电子商务架构

全程电子商务，在其架构模型上依旧遵循 SOA（service opened architecture）体系。大体上可以分为四个部分，如图 4-1 所示。

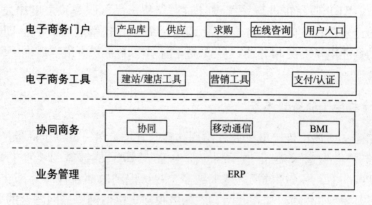

图 4-1　全程电子商务体系架构

1. 电子商务门户

电子商务门户是体系架构的最上层，提供诸如企业产品信息展示、供应求购信息等企业商务信息，是企业进行网络营销的平台。此外，电子商务门户上设置用户入口。不同用户在此登录之后，系统自动引导其进入相应的权限模块。例如，分销商登录后，则进入分销商后台模块可以进行下单等操作；本企业员工登录，则进入本企业后台相应模块。电子商务门户是企业进行展示和营销的平台，也是供应商、分销商、员工等进行协同商务的入口。

2. 电子商务工具

电子商务工具大体上由三部分构成，当然这里的工具能够随着业务需要予以拓展。

第一个工具是建站/建店工具，其主要功能是提供傻瓜式建站工具，用户在这里发布企业介绍、产品、供求信息等，然后显示在电子商务门户中。此外，建站工具使用简单、方便、灵活，能满足用户不同需求，打造各具特色的网站和网店。同时，建站工具中提供域名注册、解析服务，企业将平台绑定域名后，可以拥有顶级域名网站。

第二个工具是营销工具，其主要功能是对网站进行优化与分析挖掘。例如，能够做搜索引擎优化（SEO），提高网站在搜索引擎中的排名，提供各类网站日志分析工具（或是集成第三方网站统计分析软件），供用户对网站进行深层次的挖掘与优化。

第三个工具是支付/认证工具。其主要功能是为用户、供应商、采购商等提供各类在线支付服务，同时具有相关认证的功能。

3. 协同商务

协同商务主要服务于企业与上游供应商、下游分销商之间的业务协同。使得整个供应链中的供应商、分销商、物流公司、客户都能够在一个统一的集成平台里进行商务交流与协作，实现多对多在线业务协同。通过商业即时通信（business instant message，BIM），能够综合应用文字、语音、视频、在线文件传送等方式进行全方位沟通交流。在业务协同方面，主要表现在：能够与供应商、分销商、客户进行业务单据传递；实时跟踪订单信息，包括商品出库、入库情况，以及通过集成第三方物流信息，方便交易双方了解商品最新状态。

4. 业务管理

业务管理层，主要表现为在线 ERP，这也是全程电子商务架构体系的核心所在。采用 SOA 架构的在线 ERP 不仅完全继承传统 ERP 的优点，同时还具有很好的开放性、可扩展性，除了能帮助企业完成内部流程优化之外，还能延伸到产业的上下游，与其他企业信息系统进行数据交换，优化整个供应链。

4.3.4　全程电子商务特点

1. 以全球化供应链管理为基础

企业获得更大的竞争优势，就必须围绕客户的需求，开展供应链上、中、下游企业合作，协调运作过程，把产品的竞争形态从"企业与企业"之间的竞争，转变为围绕核心企业打造的"供应链与供应链"之间的竞争。全程电子商务从全球化供应链网络的角度，为中小企业构建全球化的供应链协同平台，不仅能够满足企业现有业务的需求，还能帮助企业在全球范围内寻找新的商业机会和商务伙伴，参与全球贸易，促进企业快速发展（毛华扬和魏然，2008）。

2. 一站式

全程电子商务将建站工具、营销推广工具、销售平台、在线协同、支付工具、库存管理、物流管理、在线 ERP 整合到一个平台中，打通企业内部 ERP、协同商务与外部商务交易流程的隔阂，成为一个有机整体。一站式能有效提升企业运营效率，增强企业在整个产业中的实力，帮助企业在激烈竞争的商业环境中取得先机。

3. 按需所取 灵活高效

基于 SaaS 模式的全程电子商务有着先天的优势。

（1）整个系统基于互联网，仅需通过浏览器便能使用，无须安装客户端和服务器，无须定期更新系统，系统维护工作全部由运营商承担。

（2）能够实现移动办公。用户在任何时间、任何地点只要通过互联网就能够以 web 的方式进行登录和使用，而无须使用专门辅助软件和工具，而这是 C/S 架构无法匹敌的。

（3）按需所取。基于 SaaS 的全程电子商务中，一方面，用户可以根据实际需要购买（租用）相关模块，即买（租）即用，大大降低软件的使用以及技术成本。另一方面，与传统 ERP 对比，软件实施是最为重要的环节，一旦实施失败，所有投入都将付之东流。而基于 SaaS 模式的软件，就像日常生活中使用煤气水电一样，只需为选择的部分付费，这无疑会降低企业风险。

4.3.5　我国全程电子商务实施策略

目前全程电子商务模式大致可以分为三大类：公共平台模式、链主式模式、政府主导模式（佘镜怀，2009）。

1. 公共平台模式

公共平台模式，是指由全程电子商务平台运营商自行运行，公开向企业提供（用户）全程电子商务服务的平台。聚集效应能够使集群内的企业共享公共基础设施而带来成本节约，并且通过专业化分工协作降低成本和提高生产效率，使得在产业集群内形成覆盖原材料采购、生产制作、物流配送、销售、客户服务的上、中、下游完整产业链（但斌等，2010）。一方面，一个公共平台可以供大量企业同时使用，是一个集节约化应用的典型模式。另一方面，公共平台能够为不同规模、层次的企业提供个性化服务。中小企业在选择部署全程电子商务时，可以选择公共平台模式，因为公共平台上汇集了海量行业商业资讯，能帮助中小企业快速打开市场。

但是，公共平台模式对运营商的经济实力和运营能力的要求非常高，主要体现在数据安全、信息保密的问题上。而最重要的是，公共平台运营商在短时间内无法获得像阿里巴巴、慧聪等 B2B 网站那样巨大的企业用户数量，无法产生上文所述的"聚集效应"。所以，中小企业使用公共平台的优势就不能得以体现。同时，如果公共平台不能推出与阿里巴巴异质的、更能满足用户需求的产品和服务，很容易被具有海量用户的 B2B 平台所复制。

对于公共平台来说，应该尽可能从那些已经具备产业集群的地方、行业入手，避免与综合性 B2B 网站冲突。此外，也可以考虑与电子商务网站采用联盟的方式共同运营，实现双方的优势互补。

2. 链主式模式

链主这个词已经出现很长时间，但是一直没有统一的定义，一般是指：在供应链上处于核心地位，能够协调供应链上各个节点的活动，具有不可替代的作用，可以使整个供应链作为一个有机整体正常工作的企业（杨城和童利忠，2009）。链主式模式，由核心企业主导，平台开发商提供技术支持和服务。平台中的企业不仅能与核心企业进行协作，也可以与平台上的其他企业进行协作，同时也能进行企业内部的信息管理，这就突破了以前依附于核心企业的单条供应链结构，形成相互交织的网状结构供应链。事实上，现代企业的竞争，由先前单个企业的实力较量，演变为供应链与供应链之间的竞争。这种新型竞争模式能产生供应链集群效应，降低企业成本从而提高企业的竞争优势，更多的追随者会随之加入，从而使竞争更加激烈，降低成本需求强烈，吸引更多合作伙伴加入（刘古权等，2009）。

不过，链主式模式对核心企业的运作、控制能力要求很高；链主式模式中不同企业之间的信息系统存在差异，在整合方面有着一定的难度；另外，这种模式只限于某一个行业的合作。这种模式，一般被一些行业龙头企业采用，如 Dell 以及我国的海尔等企业。

3. 政府主导模式

政府主导模式是指由政府投资，供应商（或政府）运营的系统平台。其多见于由地方政府主办，供当地企业使用，如由四川省成都市温江区花卉园林局主办的温江花木网（刘洲荣，2010），就属于这种类型。

"互联网、广播电视网、电话网"三网融合的不断推进，也在客观上加快了全程电子商务的步伐。三网融合带来更大带宽、更易用、更灵活的网络环境，以及更全面的应用，推动了一站式全程电子商务的快速发展。

虽然说 SaaS 模式目前尚存在诸如安全、观念等问题，但是基于 SaaS 的全程电子商务，将内部 ERP 与外部电子商务融合，有效整合上、下游产业链，将是未来电子商务发展的主要方向之一。全程电子商务让企业更好地"找生意"、"做生意"、"管生意"，提升企业乃至整个供应链的竞争力。

4.4 国　际　化

在主题为"改善世界状况：反思、重设、重建"的达沃斯论坛上，中国崛起成为全世界关注的焦点。2008 年年底，由美国次贷危机引发的全球经济风暴中，中国依旧保持坚挺不倒且信心十足。电子商务经过十多年的发展，已经逐渐从一味模仿美国，发展到摸索出自己独特的发展模式，中国电子商务的国际化征程正式开启。

电子商务国际化并非单单指进军海外市场，更是包含了国际交流、技术合作等。从本国角度来言，广义的国际化概念包括国内企业的国际化，以及国际企业的国内化。国际企业的国内化，本书不作重点阐述。

4.4.1　电子商务国际化的基础

电子商务发展的三驾马车：信用、支付、物流。同时也是电子商务国际化不可或缺的要素。尤其是国际支付和国际物流，在电子商务国际化中扮演着重要角色。

1. 支付国际化

电子支付系统是电子商务系统的重要部分，指的是消费者、商家和金融机构之间使用安全电子手段把支付信息通过信息网络安全地传送到银行或相应机构，以实现货币支付或资金流转的支付系统。电子支付系统的参与者主要有：金融机构或银行；收款人或付款人；资金划出或接收的个人或团体；支付网关；金融专用网。国内第三方支付工具，如支付宝、环迅等纷纷迈出国门。一方面为境内用户海外网购提供境外收单服务，即国内用户在海外网站下单后，支付工具会按照当日汇率将人民币折算相应外币支付给国外卖家（例如，世界最大域名注册商 godaddy 支持支付宝付款方式）；另一方面，海外买家在国内网站购物，同样可以通过第三方支付工具向国内卖家支付货款。此外，国外支付工具如 Paypal 也支持国内信用卡结算，国内用户同样可以选择 Paypal 等国际支付工具来进行跨国交易。让国内买家付钱出去，同时也让国外买家付钱进来，能打破跨境支付瓶颈，为电子商务国际化发展奠定基础。

2. 国际物流

在电子商务环境下，消费者通过上网点击购物，完成商品所有权的交割过程，即商流过程。但电子商务的活动并未结束，只有商品和服务真正转移到消费者手中，商务活动才算结束。在整个电子商务的交易过程中，物流实际上是以商流后续者和服务者的姿态出现的。没有现代化的物流，如何轻松的商流活动都将是一纸空文。

国际物流是伴随国际间投资、贸易活动和其他国际交流所发生的物流活动。由于战后国际投资和贸易壁垒减少，国际分工日益深化，国际贸易规模迅速扩大，经济全球化和区域经济一体化速度大大加快，国际物流成为现代物流系统中发展最快、规模最大的一个领域，互联网这一新型无国界信息媒介的扩展和电子商务的推广应用，将进一步推动国际物流的效率提高、规模扩大。另外，国际物流的飞速发展，使国界的概念在逐渐缩小，推动电子商务国际化持续向前发展。

4.4.2　国内企业电子商务国际化

国内企业电子商务国际化，主要从两个方面来分析，一是从中小企业的角度，二是从电子商务平台的角度。

1. 中小企业

在前有发达国家的技术壁垒阻挡，后有印度等正在崛起的第三世界国家追赶的情况下，尤其是在目前全球性生产能力过剩、需求约束生产明显的形势下，中国企业庞大的制造能力已经不再是优势（李东平和王喜成，2006），中国企业正面临着真正成为世界制造业基地而不是生产加工中心的严峻挑战。

而在网络经济环境下，任何企业通过互联网直接面对的都是全球市场，参与的都是全球范围内的竞争。日益成熟的互联网技术和物流体系，使得无论是大型跨国巨头还是中小企业，都可以以很低的成本准确了解顾客的需求，与顾客进行交易。与此同时，电子商务改写了传统国际经济中企业的竞争优势。在传统经济环境下，企业主要通过规模经济和范围经济来降低边际成本，提高竞争力以及对市场风险的抵御能力。而在电子商务背景下，企业的竞争优势不再表现为"大鱼吃小鱼"，而是"快鱼吃慢鱼"，即企业对市场的快速应变能力和创新能力。企业只有快速了解顾客的信息、快速创新、快速满足顾客需求，才能在未来的竞争中取得优势地位（沈磊，2002）。而广大中小企业以其灵活性、创新快，以及对细分用户个性化需求的深刻洞悉，完全能够在国际市场上分得一杯羹。

互联网最大的特点是能够超越时间、空间限制，打破世界各个国家地区的种种壁垒，促进各国家地区之间的经济增长、技术合作等。而电子商务是国际贸易发展的大趋势，随着电子商务环境的不断改善，在国际巨头频频杀入国内市场的同时，我国企业也能走出国门，与国外企业站在同一起跑线上，将后发劣势转变为后发优势（周一斌，2000）。

2. 电子商务平台

限于国内众多中小企业的资金、技术能力，目前国内中小企业的电子商务大多是借助第三方电子商务平台来开展的。所以，电子商务平台的国际化在推动国内整体电子商务国际化进程中有着极其重要的作用。电子商务平台国际化，主要体现在 B2B 的应用上。电子商务将会出现越来越多的语言平台，不再仅仅局限于中文、英文，其他语言的 B2B 平台将会逐步增多，其业务模式将会从现在的国外参展集中推广，向更加多元化发展。更多综合性、行业性 B2B 门户将带领更多中小企业走出国门，使中小企业的市场布局到国外，参与全球化竞争，中小企业获得更大的发展（佚名，2010）。未来，实力雄厚的行业 B2B 网站，将会陆续进入外贸行业 B2B 网站的运营。事实上，国内的阿里巴巴除了英文版之外，还有日文版；商品搜索引擎 Gidsoo 推出多种语言版本。

4.4.3　电子商务国际化对策

我国电子商务虽说经过十多年的发展，毕竟起步较晚，与发达国家相比显得有些稚嫩。国内电子商务走向国际化，需要采取一系列措施来克服国际化征程中遇到的各种困难。

1. 中小企业

面对复杂的互联网技术，中小企业一般无力自行研发相关技术与平台，并且自主研发的风险较高，这也是中小企业无法承担的。另外，中小企业出于成本考虑，企业缺乏相关的电子商务人才。为了解决上述两大问题，一方面，中小企业可以借助第三方电子商务平台来开展业务。当然这对电子商务平台的要求较高，除了功能强大，提供各种营销推广工具之外，操作要简单明了，方便很多触网很少的中小企业使用；另一方面，企业应该从思想上认识到电子商务的重要作用，招聘有经验的电子商务专业人才，以及将网络营销推广外包给专业的电子商务公司来做。

此外，物流以及结算问题也是阻碍电子商务国际化进程的绊脚石。而广大中小企业可以通过第三方国际物流公司将货物送达世界各地；通过第三方支付工具完成货款的代收代付。

2. 电子商务平台

对电子商务平台而言，担负着国际化的重任，因为国内电子商务国际化主要还是通过第三方电子商务平台来带动和实现的。电子商务平台在国际化进程中需要注意以下两个方面的问题（王谢宁，2007）。

（1）文化习惯因素。不同国家的文化存在差异，而且很多时候同一个国家不同地区的文化也存有差异。电子商务平台必须认识到在开展业务的每个地区中文化语言和习惯的差异。在设计电子商务平台时，应该谨慎选择表示经常性动作的图标。例如，在国内，电子商务平台经常使用购物车图标；但是，欧洲人在购物时用的是购物篮，不使用购物车；澳大利亚人也用购物车，但不知道"shopping cart"（购物车）是什么意思，他们用来描述购物车用的词汇是"shopping trolleys"（购物手推车）；美国人经常用食指和拇指构成一个圆圈表示"很好"的意思。一个网站用这个手势图标表示交易已经完成或信用卡已经接受，但是在巴西等国这是一个非常下流的手势。不同的文化能够影响同一句话所表达的意思，甚至是完全相反的意思，不同地区文化的作用对于我们的国际化营销是如此重要，我们的企业在进行国际化的同时就必须熟悉当地文化。

（2）不同的语言因素。几乎所有的跨国公司都已经认识到，它们在不同文化下有效开展业务的唯一办法就是适应这种文化，即"思维全球化，行动本地化"。电子商务接触不同文化背景潜在顾客的第一步就是提供当地语言版本的页面。这意味着要把页面翻译成另一种语言或当地的方言。国外研究人员发现，即便顾客精通英语，还是更愿意从那些母语网站上购买产品和服务。网站上的不同内容可以采用多种方法来翻译。对关键性的营销信息，要理解词义上的微妙差别就必须人工翻译。

此外，第三方电子商务平台在设计电子商务平台时，还应该考虑到不同国家地区人群的浏览习惯。例如，国内用户习惯于在浏览器新窗口中打开网页，但是欧美国家用户则未必。

3. 加强政府合作　提升国际电子商务公共服务水平

国际电子商务的整个交易过程涉及海关、银行、保险、运输、商检、税务等多个部门，是一个烦琐而复杂的过程，其开展需要整体信息化水平较高的各部门协作，任何部门数据传输不畅都会影响国际电子商务的运行效率。此外，在建立跨国在线支付系统过程中，国内银行间、国内银行与国外银行间应加强合作，从技术上、政策上为企业跨国支付提供保障，以解决如各大银行支付系统不统一，以及跨国电子支付存在的货币兑换等问题，确立并执行跨行、跨国网上支付解决方案（王丰，2009）。

4. 政府为中小企业提供政策扶持

作为市场经济"润滑剂"的中小企业，对国家经济建设尤其是吸纳就业起着重要作用。中国的中小企业电子商务国际化离不开政府的扶持。政府可以针对中小企业实际情况，制定相应的扶持措施，如建立用于扶持中小企业发展电子商务的专门部门，建立中小企业网上信息中心，建立中小企业电子商务减税、免税措施，建立中小企业电子商务开放平台，加速国内金融电子化进程以及与国外金融机构的跨国业务，鼓励中小企业与外国电子商务公司开展合作等（高功步和焦春风，2005）。

国际化是电子商务发展的必然趋势，目前的电子商务竞争态势以及格局将被彻底打破。国外资本与技术的注入，将推动我国电子商务的整体发展水平。中国市场的不断对外开放，使得国外巨头们以收购、兼并、投资等方式进入中国，在国际化趋势下，市场开放程度不断加大，商业机会随之增多，为国内的商家，尤其是中小企业带来了机遇。

4.5 移 动 化

2008 年对于电信业来说具有深远的意义，电信业重组以及中国移动的 3G 网络开始试运营。这一年也是移动电子商务一个重要的里程碑，在这一年中，手机接入互联网首次超过了台式机接入互联网的数量。2009 年 1 月 6 日，我国分别对中国移动、电信和联通发放了 TD-SCDMA、CDMA2000 和 WCDMA 的 3G 牌照，标志着中国移动商务正式进入 3G 时代；2010 年 7 月 15 日，中国互联网信息中心发布的《第二十六次中国互联网络发展状况统计报告》显示，截至 2010 年 6 月，我国手机网民数达 2.77 亿，较 2009 年年底增加了 4334 万人，增长率为 22%。移动互联网以高普及率的手机终端作为介质，其及时、便携、分众、互动的特性，已成为传统互联网的补充。

移动商务是目前最具生命力的新兴产业之一，尤其在中国正式开启 3G 运营的背景下，本来已经习惯于通过网络来获取信息的人们，将加入这场革命性变革中，通过手机随时随地实现商务活动、通信、获取资讯、娱乐等。在这场从电子商务到移动商务的结构性变迁中，移动技术应用将最终彻底改变我们现有的工作、生活和娱乐方式，急速增长的移动用户群必然导致移动商务的蓬勃发展。管理学家德鲁克曾经说过："当今企业之间的竞争，不是产品之间的竞争，而是商务模式之间的竞争。"可见商务模式的重要地位，尤其是 3G 背景下的移动商务模式更加成为各大运营商、服务提供商、终端商等众多运营主体关注的焦点。

4.5.1　移动电子商务概述

移动商务是指那些依托移动通信网络，使用手机、掌上电脑、笔记本电脑、PDA 等移动通信终端和设备所进行的各种商业信息交互和各类商务活动。它具有电子商务的一些特性，但却有其独特的特点，主要体现在位置相关性、紧急性和随时随地地访问三个方面（王有为等，2006）。

1. 位置相关性

在电子商务环境下，用户可以在固定网络接入的地方访问各类信息资源，然而用户的位置却并不重要，用户的真实身份也无法确认，甚至某个访问是一个用户还是多个用户的行为都无法区别。在移动商务环境下，这将发生巨大的变化，容易定位和用户标志两个功能的组合使得位置相关性成为移动商务的一个独特特征。

通过利用用户位置相关性的特征，移动商务应用可以更加个性化，满足移动商务用户对服务和应用的差异化、个性化的要求。基于位置的服务（LBS）在 3G 时代下，将成为主要应用之一。它主要通过对用户位置的精确定位，从而实现一些在电子商务下无法实现的功能和服务。如 GPS 定位、紧急医疗事故服务、旅游向导服务等。

2. 紧急性

从移动电话的诞生开始，移动设备就具有处理紧急事件的独特优势。紧急事件往往是突发的，其发生的时间和地点不确定，而移动设备恰恰能解决这个问题，它可以在任何时间、任何地点进行访问，这为紧急事件的处理带来了极大的便利。此外，3G 时代下，移动用户还可以获取一些紧急的信息服务，如股票价格的查询、下一班公车的到达时间等。总之，紧急性是移动商务所具有的特殊优势，越是紧急状况下，这种优势就越明显。

3. 随时随地地访问

不同于固定电话及传统互联网，移动用户可以在任何时间及任何地点进行通信，即随时随地地访问，这也是移动商务所具有的第三大优势。用户可以不受任何时间和地点的限制，只要在网络可以覆盖的地方，都可以进行通信。正是由于该特征，用户才可以处理一些紧急性比较高的事件，这个特征也决定了移动商务的应用更加倾向于一些时效性要求较高的场合。

而与传统的电子商务相比，移动商务更具有广阔的发展空间，它能利用最新的移动通信技术手段派生出更具有价值的商务模式。随着移动技术和移动终端的发展，运营商、内容提供商和服务提供商的推动，以及客户需求的扩张，无线互联网和 Internet 之间出现融合。移动商务中，商务模式不再只是简单的通信模式，而是多种模式并存于一个复杂的产业价值网，运营商、终端生产商、SP、CP，以及各类企业都将加入其中。

4.5.2　移动商务发展历程

1. 第一代移动通信技术（1G）

1982 年，美国推出 advanced mobile phone system（AMPS），又称国际标准 IS-88。这就是我们所指的第一代移动通信技术，即 1G。运营商提供的移动服务比较单一，同时，由于当时的手机还属于奢侈品，话费比较贵，因此用户量比较少，资费比较贵。

2. 第二代移动通信技术（2G）

20 世纪 80 年代末，2G 蜂窝系统随之产生，其中 GSM 是 2G 中使用得最好的标准。2G 系统采用的不再是模拟技术，而是数字技术。同时，资费、终端设备价格都大幅下调，用户量得到飞速发展。除了原有的语音业务外，还发展出一些增值业务，如短信、数据传输、数据防伪与数据加密服务等。

3. 第 2.5 代移动通信技术（GPRS）

目前，全国主要无线网络覆盖都是 2.5G（TDSCDMA 属 3G 网络），它是在现有 GSM 网络上开通的一种新型的分组数据传输业务，是一种 2G 向 3G 过渡的技术。GPRS 在远程突发性数据实时传输中有巨大的优势，尤其适合于频发小数据量的实时传输，这使得 GPRS 可以应用于远程数据检测、远程控制、自动售货、无线定位、物流管理等。

4. 第三代移动通信技术（3G）

目前，国内外主流的 3G 技术主要有 WCDMA、CDMA2000 和 TD-SCD-MA。在 3G 时代下，移动商务将得到快速发展，移动互联网也将得到飞速发展，接入速度的提高，使得服务方式更加多样化，包括可视电话、视频电视、GPS 定位等。

4.5.3　移动商务发展现状

从通信技术的演进发展来看，中国目前正处于 2.5G 向 3G 的过渡时期，这个时期的移动商务有其特有的特征。

1. 农村网络覆盖率快速扩大，GSM 用户快速增长

尽管从 2008 年开始 3G 一直备受关注，但在这一年，中国最大的无线网络运营商中国移动却一直在加大对农村 GSM 网络的投入，投入资金甚至大于对 3G 网络建设的投入，这主要是由于目前广大的 GSM 用户仍然是中国移动的主要利润来源。

2. 移动商务用户群体特征

（1）中国移动商务以青年、高学历层次，以及消费能力高的人群为主（艾瑞咨询，2008）

年龄方面：手机网民呈现以青年人群为主体。艾瑞调研数据显示，从 2008 年中国手机网民年龄分布特征看，30 岁以上的用户占 9.6%，25 岁以上的用户占 26.5%，年龄在 18～24 岁的消费者为第一大使用主体，其份额达 65.5%。

学历方面：手机网民的学历层次也主要集中在高中学历以上的层面。其中学历为高中（中专）、大学的手机网民比例分别为 37.7%、35.1%，远高于中国国民平均高中和大学学历为 11.5% 和 5.1% 的水平。

消费力方面：艾瑞调研数据显示，手机网民的月收入主要集中在收入超过 1000 元的收入群体和无收入群体中。在占比 40% 的无收入手机网民中，学生比例高达 90.6%。目前，中国的 90 后学生群体绝大多数为独生子女家庭，虽无直接收入，但往往有 6 个直系亲属支撑其消费，已形成中国社会独有的无收入高消费群体。

职业方面：各类白领总计占 29% 的比例，加上 41% 有较高消费能力的学生群体，高消费能力的群体高达 70%。

随着手机上网的普及，手机网民的年龄层次分布将会更加均匀。年轻群体对

手机娱乐、即时通信和手机搜索需求的不断增长使其成为手机上网的主要消费者。这部分用户消费敏感度很高，因此业务的资费及打包优惠策略均成为影响此类用户活跃度的重要因素。

（2）手机网民手机上网频率较高、黏性较大

2008 年，近七成手机网民平均每周手机上网 5～7 天，近五成手机网民日均手机上网 5 次以上，平均每次手机上网时间 10 分钟以上的手机网民比例高达90.0％以上。手机网民手机上网频率较高、黏性较大，这不仅缘于移动互联网不断丰富的内容满足了手机网民对休闲娱乐、信息搜索的需求，也与无线网络运营商在各地区及时推出的无线互联网资费优惠策略有一定相关性。

（3）手机网民地区分布情况

手机网民主要分布在发达地区，华南的手机网民占比最高，广东成为手机上网第一大省。艾瑞调研数据显示，从手机网民的地域分布情况看，华南地区所占比例最高为 46.4％，华北、华东地区所占比例分别为 19.6％、11.3％，位居第二、第三。从地区性分布状况来看，手机网民集中在中国的三大经济中心，即华南、华北和华东，三个区域用户高达 77.3％，显著高于互联网。

3. 增值业务得到快速发展　成为运营商盈利的主力军

所谓移动增值业务是指在在原有移动通信网络基础业务即电话、电报业务以外所开发的数据业务，如数据检索、数据处理、电子数据互换、电子信箱、电子查号和电子文件传输等业务。

近年来，增值业务收入也成为继语音业务和短信业务之后的第三大业务收入。目前，国内的增值业务主要还是以 2G 和 2.5G 网络平台为主，包括 SMS、MMS、CRBT、WAP、IVR、Java/Brew、手机游戏、移动电邮、移动 IM（移动即时通信，如手机 QQ、飞信）等各类新兴移动增值业务。TD-SCDMA 的成功试用，手机电视、视频通话等也得到进一步发展，将成为未来热门增值业务。

4. 手机上网速度迅速提高　移动互联网得到迅速发展

随着技术的进步，移动终端设备性能逐步升级，宽屏手机、触摸屏手机等智能手机的出现，以及 3G 版 iPhone 的上市，增强了用户对移动互联网业务的体验满意度，有力地支撑了移动互联网的发展。2007 年，中国智能手机出货量达1440 万部，增长率超过 35％。可以预测，未来几年，智能手机市场将会有持续快速的增长，智能手机销售量复合增长率将超过 30％，它正在成为移动互联网

的重要终端之一①。根据 Morgan Stanley 2010 年 6 月 7 日出炉的报告，移动互
联网的增长速度远远超过桌面互联网的增长速度。按 11 个季度的时间来比较，
桌面互联网 Netscape 11 个季度从零增加到 1800 万用户，桌面互联网 AOL11 个
季度用户从零增加到 800 万，而苹果手机则快速增长到 8600 万用户。国际电信
联盟预计，全球手机入网人数将于 2010 年年底突破 53 亿。

同时，由于速度的迅速提高、终端性能的增强，3G 业务将得到快速发展，
尤其是 3G 增值业务和移动互联网的发展。继承原有 2G 和 2.5G 业务的同时，
3G 业务将出现一些新的业务，如移动 IM（移动即时通信）、移动电邮、手机搜
索、手机电视、手机游戏、GPS 定位、手机网络社区、移动支付等。

4.5.4 移动电子商务特性对比

移动商务与电子商务具有一些共性，但也有本质的区别，主要从服务特性和
商务模式方面进行比较分析。

1. 服务特性的区别

移动商务与电子商务在服务特性方面的区别主要体现在用户群、交易、移动
性、位置特性和时间等方面，如表 4-1 所示。

表 4-1　移动商务与电子商务在服务特性方面的主要区别

项目		基于 Internet 的电子商务	移动商务
用户群	用户特点	有 Internet 连接的个人电脑用户	蜂窝电话等移动设备用户
	地理分布	大部分教育程度较高（城市）	移动商业用户和年轻的、受教育程度较低的用户
	领先的地区	北美	欧洲和亚洲
交易	复杂性	复杂和全面的交易	简单的，经常是只需要回答是与否的问题
	产品信息	丰富、容易搜寻	简短和关键的信息
	所提供产品和服务的范围	选择多种多样	有限和特殊的产品或服务
	支付	主要是信用卡	可以使用内置的支付方式
	与后端系统的连接	容易连接到 EDI/ERP/内联网系统	与后端系统的有限连接

① 数据来源：驰昂咨询（Sinotes）（2008）。

续表

	项目	基于 Internet 的电子商务	移动商务
移动性	服务提供	服务提供到家庭或办公室，避免旅行	服务提供给移动中的人，方便旅行者的需求
	移动目标的跟踪	无	实时跟踪移动的目标
位置特性	位置感知	位置无关，位置是作为一个被克服的约束条件	位置作为一个产生价值的新维度，基于位置的服务
	服务范围	全球市场	局部/需求发生的地方
时间	时间敏感	永远在线（24×7），时间作为被克服的约束条件	时间敏感，紧急事件处理、临时的购买需求

资料来源：袁雨飞等（2006）。

2. 商务模式的区别

电子商务除了在服务特性方面与移动商务有区别外，商务模式也有一些区别，主要表现在价值取向、成本结构和利润来源三个方面，如表 4-2 所示。

表 4-2　商务模式对比

	项目	基于 Internet 的电子商务	移动商务
价值取向	通信需求	低成本、全球通信	移动通信、可直接找到个人
	信息需求	丰富、免费、容易搜寻的信息	时间关键和位置敏感的信息
	方便性	全球市场、无地域限制；避免了旅行；无时间限制	导航、局部地区服务引导；容易支付
	成本	交易成本	未必能降低成本，但可改进效率
	紧急性和安全性	无	方便紧急救助服务
	服务质量	个性化、客户自助服务	位置敏感的服务
	工作者支持	支持办公室工作人员	支持移动工作者
成本结构	市场进入成本	低	高
	内容生成成本	高	低
	内容分发成本	低	高
	物流成本	有形商品的物流成本高，信息商品和服务的成本低	有形商品的物流成本低，信息商品和服务的成本高
	应用开发成本	低	高
	技术投资成本	低	高

续表

项目		基于 Internet 的电子商务	移动商务
利润来源	减少商业成本	减少了搜寻成本、促销成本、顾客服务成本、交易成本	改进了移动工作者和物流运作的效率和生产率
	广告	主要的收入来源	有限
	通信费用	访问互联网的成本低，通信是一种成本而非利润来源	按时间或者流量收费，主要的利润来源
	基础设施建设	增长不明显	明显增长
	在线销售	全球市场的机会	少数商品、小批量
	服务费用	免费或者收费较少	按订阅方式进行收费

资料来源：袁雨飞（2006）。

虽然移动商务并不单纯是电子商务的延续，但其却继承了电子商务的一些特征，此外，在"内容为王"的网络时代，移动商务本身资源的匮乏，使其不仅不能支撑和满足移动商务的需求，也没有形成一个信息生态链，没有实现快速更新资源和后续资源的补充。因此，发展移动商务必须整合资源。从社会学和网络经济学的角度讲，不可能放着一座金山，再造一座金山。电子商务信息资源是一笔巨大的财富，也是一座巨大的金山。开发移动信息资源远不如转移现有的电子商务信息资源成本低。因此，对电子商务资源的整合应该成为移动商务资源开发的一条主渠道。

从商务客户的实际需求看，鲜活的信息才最有商业价值。现有的移动商务网站、商界、商街、商场都没有形成一个信息不断更新的生态链。正是由于移动商务具有资源整合的特性，才能把分散资源变成综合资源，把不完全信息变成完全信息，把网上商机转化成移动商机，同样，也才可以把移动支付的决策传递到网上，通过整合网络资源完成和实现。同时，移动商务对电子商务资源的这种整合能力，还可以实现电子商务和传统商务之间的整合，从而创造巨大的商业价值。

移动商务对电子商务资源的整合，必然进一步推进移动互联网的快速发展。艾瑞咨询研究发现，"现阶段基于移动互联网的应用匮乏，已经成为影响手机网民手机上网黏性的重要因素"。事实上，目前传统的互联网厂商都已经开始利用现有资源进军移动互联网。目前，继百度、Google 等互联网公司进军移动互联网市场后，阿里巴巴集团旗下两大子公司——淘宝网、支付宝也加速进军移动互联网市场；专业商品搜索引擎 Gidsoo 也将目光瞄向移动电子商务市场，并推出相关产品与服务。

传统互联网企业对移动互联网市场的渗透是对其现有互联网业务的延伸和拓展。进军移动互联网有利于传统互联网企业开拓新增用户及提高现有互联网用户的黏性,这无形中促进了移动商务与电子商务的资源整合。在未来 2～3 年内,搜索引擎、网络视频及社区交友等将成为互联网业务移动化发展的先锋力量。但鉴于移动互联网和传统互联网在终端界面和商务模式中还存在较大差异,因此如何针对移动互联网进行业务及商务模式的创新是传统互联网企业亟须解决的问题(游静等,2008)。

3G 时代下,移动电子商务必将对国民经济带来巨大影响,它将渗透到各行业中去,改变原有的产业运作模式,进而演变出全新的商务模式。

4.6 实 名 化

互联网改变了人们的生产、生活、思维甚至是情感方式。网络因其传播的无边界性、受众的无限制性成为传播信息的重要载体。网民突破年龄、性别、身份等的限制以匿名的身份广泛参与到互联网络提供的各种社区活动中。然而,没有节制的匿名化,也带来一定的社会问题。侵权、诽谤、色情等不良信息在网络的泛滥污染了人们的上网环境,引发了全社会对互联网络管理的思考和探讨。

实名制是一个敏感话题,提及实名制就会引起轩然大波,关于其可行性的探讨不在少数。近几年,互联网上的实名制在逐步推行,先后出现了博客实名制、网店实名制、网游实名制等。事实上,第三方支付工具、各大 B2B 网站的收费会员认证,都是经过实名认证的。网络实名制已经是互联网以及电子商务发展的一大趋势。

4.6.1　实名制定义

实名制是指人们在进行社会活动的时候必须使用真实姓名作为自己身份的标识。互联网实名制是网民在写博客、论坛发帖、网络游戏,以及享有虚拟网络提供的其他服务时需用真实姓名登记注册。通过推行实名制把网民在虚拟空间上的身份与现实身份一一对应,把网民在互联网上的行为与个人责任挂钩。目前,互联网实名制是按照前台实名或后台实名的模式进行操作的。前台实名是指网民用登记注册的真实姓名从事各项网上活动。网民的任何行为都暴露在全部网民的目光下。后台实名是指网民在用真实姓名登记注册的同时注册一个网名。真实姓名只是作为备份资料存储在运营商那里,只在必要条件下才被调出查验,网民用虚拟的网名从事网上活动。

4.6.2　实名制的必要性

根据国新办 2010 年 4 月 29 日发布的数据,中国网民人数超过 4 亿,互联网普及率近 30％,网上犯罪呈现逐步上升的态势。其中,传播色情的案件十分突出；网上诈骗、利用网络敲诈勒索的案件增多；一些不法分子利用网络的匿名性对他人进行人身攻击；别有用心的人在互联网上散布假消息、炮制新闻、散布谣言、煽动社会混乱、攻击党和政府；青少年沉迷网络游戏等。例如，近来出现的恶意"人肉搜索"，"750 年来最强酸雨将至"等假消息，"江苏、山西等地有地震"等谣言。另外，不法之徒利用所掌握的技术攻击网络、截取信息、盗窃财产等。

互联网的虚拟性以及犯罪主体的匿名性一方面增加了公安机关的调查取证成本，提高了破案的难度；另一方面使不法分子怀有侥幸心理，肆无忌惮地在网络上从事非法活动。网民群体的日益庞大也在一定程度上加大了网络管理的难度。如果互联网上的这些不良行为和非法活动不加以监管和约束，被污染的上网环境得不到治理，将会给我们社会的稳定发展带来严重的不良后果。因此，净化网络环境、保护未成年人身心健康、促进网民自律、降低犯罪追惩成本，抑制犯罪是互联网管理的主要内容。

没有规矩不成方圆。现实社会中，在法律的规制和约束下，公民没有绝对的自由，虚拟网络作为现实生活的延伸、现实生活的组成部分之一，也应该受社会规范的制约和法律的约束。因为想说什么就说什么，想怎么做就怎么做，不是真正意义上的自由。个人的自由是建立在个人责任的基础上。没有责任感，千方百计逃避责任的人是没有相对和绝对自由的。公民在享有自由权利的同时也要承担相应的责任。通过网络实名制实现虚拟身份与真实身份的一一对应，把网民的行为与责任挂钩，有利于约束网民的行为、促进网民自律、限制损害国家和他人合法权利的行为出现。总之，归根结底，互联网实名制是在网络诚信不足、社会道德感和责任感缺乏的条件下出现的，它的目的是用法律规范网民的行为，降低交易成本，保障互联网朝着有利于社会稳定、经济发展的方向发展。

4.6.3　实名制的商业价值

1. 实名认证对企业的价值

现代社会信息对经济的效用突显，个人信息具有巨大的商业价值。因此，充分挖掘信息，利用信息创造利润是企业追求的目标。互联网上资料传输便捷、资源共享，但是任何事物的发展都有两面性，它在方便网络用户的同时也给其带来一定的困扰，如信息泄露、病毒攻击、企业内部员工浪费网络资源等问题。互联网的信息安全管理一直是困扰企业和消费者的一个难题，其中，最重要的困难是信息安全技术和管理的不匹配。

实名制认证应该做到安全技术和管理的无缝结合。目前一些典型企业，如深圳明华澳汉科技公司，在实名制的基础工作和商业开发方面取得了长足的进步。

其实名制采用的是指纹和公安部第二代身份证读取系统配合处理大量存储和管理的云存储系统，依靠指定的数据采集机构，能够有效保护用户信息安全，减少消费者的疑虑，增加注册用户量。实名制不仅有保障信息安全的作用，其背后也有巨大的商业价值。该公司开发的 DRU（data registration unit），即数字贸易产业联盟云计算平台的用户认证系统，是专用的数据采集处理端口，从事于数字贸易的 DP 认证业务（DP 分为 person-PDP 个人数据护照，（PDP）organization-ODP 组织数据护照（ODP），goods-GDP 商品数据护照（GDP/GID）三类，由WDPO 制定格式标准，交由各国指定授权机构进行注册服务）。这种实名认证系统使个人、机构和商品在网上都具有唯一性，这就为在互联网上建立信用体系奠定了坚实的基础。

通过实名认证结束了过去各个网站各自为营、单打独斗的局面。从全球各个行业、各个层面整合消费者信息，将广大消费者的信息搜集整理成一个基础数据库，这些信息包括消费者的身份证号码、工资数，以及消费者的日常消费记录。运营商可以对网民注册的信息进行深度的分析和关联度分析，得出消费者的消费习性、消费能力、消费取向、需求规模等具有较高商业价值的信息，更好地有针对性服务广大消费者，增加用户黏性和安全指数。网络企业商家在进行整个产业链的管理时降低了库存的积压和资金周转的压力。

2. 实名认证对消费者的价值

实名认证的目的是实现消费用户的消费主权地位。一个消费者的力量是薄弱的，但是如果集众人的力量呢？实名认证就是让广大消费者的需求信息标准化，形成规模需求，增强与企业谈判的能力，使企业让利于消费者。仅需通过一次平台认证，便可以在该平台上的其他网站登录，直接成为该平台合作网站的会员，省去了多次注册的烦琐，使消费者一号通全球。而这些合作网站涉及网民生活的各个方面。消费者在这些网站上的每一笔消费，都能被追踪到，通过平台与商家进行磋商返利。

4.6.4　世界各国实名制概况

韩国早在 2005 年 10 月就推行互联网实名制，是世界上最早推行实名制的国家。韩国民众对政府的这一行为表示支持，他们认为网上匿名对他人肆意攻击的行为应被制止。雅虎韩国公司 2007 年对是否赞成网络实名制的调查数据显示，近 80％的受访者持赞成态度。韩国民众的支持给予政府推行互联网实名制足够的信心。2007 年 7 月，韩国政府规定只有使用身份证号注册为网站会员的网民才能使用网络邮箱、网络视屏，在论坛发帖等。为了验证注册信息的真伪，韩国已经开通了身份证号网上认证系统。同时，韩国政府还规定各大网站必须对留言者的身份证号进行验证，否则将受到经济处罚。韩国从 2007 年 6 月 35 家日访问量在 30 万次的网站到 2009 年 153 家日访问量在 10 万次以上的网站，实名制的推行范围不断扩大，韩国网民已经平静地接受实名制。

在美国，主要的网络博客以及交友网站必须实名。网络购物或者在互联网上申请获取收费服务的网民还要提供信用卡账号、详细地址、邮编等。

在中国，实名制也不是一个新鲜的名词。清华大学教授李希光 2003 年就建议人大立法禁止网络匿名；2004 年 5 月，中国的互联网协会强调网络服务商应要求电子邮箱用户提供真实的资料；同年，高校教育网实行实名制；2005 年 3 月，清华北大等名校论坛陆续按照实名制操作；2005 年 7 月，文化部和信息产业部明确规定网游实名登记制；2005 年 7 月，腾讯网根据深圳公安局的规定进行群创建者和管理者的实名；2007 年 8 月，中国互联网协会发布公约鼓励博客实名注册；2010 年 7 月，网店实行实名制经营。

4.6.5　对待实名制态度

从 20 世纪 90 年代后期中国教育网初步尝试在网内推行实名制到现在的近十个年头，国家和地方政府以及各大网站都在为推行实名制不断进行探索与尝试。近几年互联网实名制相关政策的出台，可见政府推行网络实名制的决心。因此，可以说互联网实名制是大势所趋。然而，专家们对推行互联网实名制的褒贬不一。部分专家不赞成网络实名制的推行。他们认为匿名性是虚拟网的特性之一，网民可以在互联网上畅所欲言，宣泄对社会现实的种种不满。实名制的推行将使网民发泄的渠道被堵塞，有损网民言论自由权。

也有部分专家认为实名制是互联网管理的基础，在目前的大环境下，在整个互联网络上推行实名制是存在一定困难的，但是他们认为可以推行有限的实名制，即后台实名，前台虚名。

有些专家认为网络实名制不但没有阻碍网民的言论自由，相反有利于网民拥有真正的言论自由，因为真正的自由是建立在承担相关责任的基础上。但推行实名制的社会支持度不高。根据新浪网对网民的随意调查，80.85% 的网民认为网络实名制限制了网民的言论自由，近 80% 的网民反对网络实名制。网络平台作为我国为数不多的发表言论的渠道之一，因为匿名性，成为网民宣泄不满、释放压力的好去处。网民可以在不涉及个人隐私的条件下，真实表达自己的情感与想法，网民可以在虚拟世界里扮演着与真实世界完全不同的角色。广大网民在网络世界里享有更多的精神自由。

4.6.6　实施实名制的障碍

实施实名制会遇到来自各方的阻力和障碍，主要表现在以下三个方面。

1. 网民的支持度低

网络实名制的实现，使网民在虚拟世界和真实世界的差距缩小。网民意识到自己的言论与行为受到有关部门的监督，担心不正当言论会给个人发展带来限制和迫害，不满情绪不能得到释放，因此快乐感降低。另外，网民担心个人隐私会被泄露，给生活带来困扰。因此，网民对实名制的支持度低，是推行实名制遇到的障碍之一。

2. 各监管方目标不一致　难以找到均衡点

网民作为互联网监管的参与者渴望平静幸福的生活，希望言论自由的权利不受限制。作为互联网监督的协作机构，运营机构的目标是利益最大化，就是在不违背政府政策的前提下，确保资本安全，以最少的成本获取最大的利益；地方政府作为互联网监督的执行机构，一方面要与中央政府的政策目标一致，另一方面又在获取地方收入、发展地方经济方面与运营机构站在统一战线；在互联网监督中占据主导地位的中央政府，其根本目标是确保执政地位不受侵害。各参与者的目标不一，要在各参与者之间博弈、寻找均衡点、考虑各方利益，不是一件容易的事情。

3. 实名制的运营成本问题

庞大的运行成本如果分摊到用户身上，会引起用户的反感和抵制；如果由网络运营商、服务商来承担，则不利于整个产业的发展；因此只能由监管部门来承担，但是这会增加财政负担，最终转化为税收，增加居民和企业的负担。

4.6.7　我国实名制实施建议

根据国外推行实名制的成功经验，为消除我国推行实名制过程中的障碍，我国需要制定一系列配套措施，这是推行实名制的前提。天极网关于互联网实名制的调查数据表明，64%的不支持网络实名制的网民中，担心实名制会带来个人隐私权泄露的比例为78%。因此可以说担心个人隐私权被侵害是大多数网民不支持实名制的主要原因。为打消网民疑虑，政府应建立完善的个人信息保护机制；制定个人信息保护法，网络服务商收集的公民信息只能用于公民身份认证，没有网民的同意，不能用于商业；非法泄露网民个人信息的行为是侵权，应承担相应的民事责任或刑事责任。

1. 互联网实名制建议

在实名制的推行中为确保注册信息的真实性，应充分利用公安部门已经建立起来的个人信息库。网站应在登记注册的窗口与公安部门的个人信息库之间建立一个接口，当用户输入信息时，个人信息自动被验证，一旦出现虚假信息，操作不能继续，直到用户输入正确的信息为止。用户输入的信息可以是身份证号也可以是与个人生物信息相关的一些信息，如指纹、DNA 等。当然，个人生物信息的采样与管理，在技术上对有关部门提出了更高的要求，成本也更大。这种操作方法可以防止网络用户挪用他人信息进行登记注册，也可以避免因为重名带来的一些麻烦。

推行实名制应该逐步进行，互联网实名制的推行是为了净化网络环境、减少网络不良和违法信息的传播、保障国家和个人的信息不受侵害。但因为长期执行的网络匿名性带来的惯性，人们需要时间适应实名制。我国应实行有限的实名制，即互联网实名制应该多层次进行，对关系国家安全和个人利益相关的网站坚决实名，其他网站可以后台实名前台匿名或者是完全匿名。

对网络交易实行前后台实名能够保护交易双方的合法权益，降低交易成本，更好地促进电子商务的发展。对前台匿名后台实名的网站，实名登记的信息只是在必要时作为公安机关取证的依据，只要网民没有损害国家和他人利益的行为，网民言论自由的权利和完全匿名时没有区别。有些网站因为其特殊性应继续完全匿名。互联网作为社会监督的有效渠道之一，对抑制官员贪污腐败、建设民主政治社会起着较大的作用，有利于社会主义和谐社会的构建。然而，实名制的推行将会使敢于进言的网民担心被打击报复从而缄口。因此，在各政府信访窗口或者是举报网站应继续完全匿名。

2. 电子商务实名认证建议

通过平台实名认证后，即便是异地消费者都可以一号在手，全网畅游。但是在进行电子商务实名认证时，认证平台应该注意以下两点。

1) 加大品牌的宣传力度　树立品牌形象

一方面，要让消费者在心里认为该平台认证是一个标准，通过认证的企业是安全健康的企业，消费者可以放心消费；另一方面，要让企业明白，获得平台认证是一个资格认证，迫使企业不得从事违规操作。这就要求实名认证平台在企业申请认证程序上严格把关，拒绝不合规企业的加入，保护消费者的合法权益。

2) 在实名制认证中可以考虑与政府合作

政府作为社会的管理者制定行业规范，对各行各业的发展进行监督。实名制的执行已是大势所趋，实名认证平台顺应国家对网络交易实名登记的趋势。网络企业的每一笔收入都被记录，能有效减少企业偷税、漏税、设置虚假账目的行为，有利于政府对数码交易的税务管理。个人信息被泄露是消费者拒绝实名认证的主要原因，在一个网站注册实名可能发生的信息泄露概率，要远远低于在无数个网站注册所带来的信息泄露概率。政府可以授予实名认证平台作为第三方监督机构管理消费者的注册信息，仅消费者在网上的消费记录与认证商家共享。这不但将大大降低消费者对实名制的抵触心理，还可以降低实名制运营成本。

电子商务，以及和谐社会的发展，要求互联网具备可持续发展的能力。网络的良好发展需要法律和规章制度的规范和约束。实名制的执行有利于维护良好的网络环境，保障交易信息的安全，规范信息交易行为，有利于电子商务的发展，是今后电子商务发展的潮流。

4.6.8 实名制的发展前景

实名制的推行是当今全球互联网发展的必然趋势，为了社会的和谐稳定、为了网上交易的诚信，为了保障消费者和商家的合法利益，为了电子商务的健康发展，政府必将大力推行实名制。

据统计，2010 年，中国网民数量达 4.2 亿，手机网民 2.77 亿，个人网店的数量已经达到 1200 万家，这就为实名认证的发展提供了巨大的空间。明德科技公司仅在很短的时间内就拥有几百万实名制用户，在可以预见的未来，实名制用户将成几何级数地增加，很快将达到数以亿计的数量。有了实名制用户，商家可以获得宝贵的消费数据，从而实现精准营销。消费者可以在网上自由通行、放心消费，并且可以获得终身网上消费返利。网络营销说到底是数据营销，通过建立一套以信息网络技术为依托，以数字化标准为采集端口软件系统，全面普及实名制是确保标准信息快捷、方便、准确采集传递的有效途径，是解决电子商务诚信体系建设的必由之路，全面普及实名制将成为互联网产业里势不可挡的历史浪潮。

4.7 可 视 化

互联网作为新媒体，有着报纸、广播、电视等传统媒体所没有的独特优势。伴随互联网带宽、环境、技术等的不断升级，以网络为基础的电子商务也呈现出全新的发展趋势——可视化。可视化电子商务，又被称作视频电子商务，主要是指企业（个人）借助外部电子商品平台（或自行研发平台）将商品、服务、形象等进行视频多媒体化，以低成本、高效率进行传播来开展网上交易的电子商务活动。

4.7.1 可视化概述

信息可视化（information visualization），最早由 Robertson 等（1989）在其论文中提出。是一个跨学科领域，旨在研究大规模非数值型信息资源的视觉呈现，如软件系统之中众多的文件或者一行行的程序代码，以及利用图形图像方面的技术与方法，帮助人们理解和分析数据（Stasko，2008）。

在技术与用户需求的不断推动之下，各种新技术不断被应用于电子商务活动中。信息可视化在电子商务的应用目前主要表现为利用表格、图形、音频、视频等视觉要素来表达复杂信息。通过提供丰富信息以及人机交互来增进商务信息表达，从而促成交易。

由于人们认知上的偏差，对同一客观事物也会产生不同的认知与理解。尤其是在基于互联网的电子商务活动中，双方的交易全部在线上，无法"实地"获取关于产品、企业等的完全信息，这无疑会使对方在交易时产生安全等顾虑，对电子商务的发展非常不利。可视化技术与手段的出现，能够较好解决抽象思维形象化问题，对电子商务的发展也大有裨益。

4.7.2　电子商务中的信息

电子商务中的信息可以分为两大类：实体信息与联系信息。电子商务过程如图 4-2 所示。

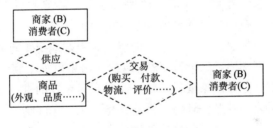

图 4-2　电子商务交易框架模型

1. 实体信息

实体信息，即客观实体所呈现的信息表现，电子商务中的实体信息主要包括卖方、买方、商品、物流方等。

2. 联系信息

联系信息，主要是指整个电子商务平台中实体（点）与实体（点）之间所产生的各种联系信息，犹如一个个点连成的各种直线。

目前以及未来电子商务的可视化，都是利用相关技术对以上各信息中的一个或多个进行分析与挖掘的。

4.7.3　可视化在电子商务中的应用

我们可以看出，可视化主要是利用技术手段对信息进行集成，以图形、视频等多媒体形式输出，最大程度保证信息的客观度，供不同用户使用。电子商务活动中的可视化应用主要有企业（买方、卖方）信息可视化、商品信息可视化、联系信息可视化。其中前两者的可视化已经应用于电子商务活动中，而基于联系信息的可视化主要多见于数据挖掘领域，对一些中小企业来说，目前尚未得以广泛应用。而电子商务可视化手段（技术），由原先的文本、图片逐渐朝着视频等多媒体方向发展。

1. 企业信息可视化

企业信息可视化在电子商务中的应用，能帮助用户了解企业较为真实的信息，有助于企业树立形象。企业信息可视化除了常见的企业官方网站上的图片、文字信息介绍之外，视频（形象、活动等视频）成了主要手段。

企业信息可视化的主要表现方式是企业宣传片。它是一种有别于电视广告的宣传模式。企业形象广告具有准确、快速、生动、形象的特点，从而把企业理念、视觉和行动结合在一起，使企业向公众传递其特殊统一的、良好的形象。它能非常有效地把企业形象提升到一个新的层次，更好地把企业展示给大众，诠释企业的文化理念（郝幸田，2008）。视频包含的信息更加丰富，在网络上尤其是电子商务网站上发布企业形象视频，能加深受众对企业的进一步了解与认识。例如，在视频中展示公司的办公环境、设施设备、工厂车间等，能够有效增强用户对企业的信任与好感，这对企业在虚拟世界获得订单非常有帮助。

2. 商品信息可视化

商品信息包括价格、材质、配置、性能、外观、使用方法等，而商品信息展示是电子商务网站留给访客的第一印象。产品价格、性能等信息可以通过文字的方式来表现；对于产品的外观、使用方法等，目前绝大多数 B2B、B2C、C2C，以及企业网站上都是以文字加图片的二维方式来展示的。这种展示方式虽说能够让用户对产品有宏观上的大概认识，但是对细节、具体使用方法等参数则显得无能为力。用户仅从对文字和图片的理解，很难对产品有全面的了解和认识，这在无形中降低了交易达成的概率。在 B2B 交易中，企业大多是通过线下邮寄产品样品的方式，来让对方获取产品的详细信息。

商品信息的可视化，主要利用三维立体展示技术，以视频的方式向访客展示商品，同时提供互动操作，以便让用户获取该商品的完全信息。互联网上的 web3D 技术不断成熟，作为一种先进的网上物品浏览技术，能够从各个方位任意角度来观察产品，具有全方位、互动、两维与三维结合等特点。用户可以使用鼠标从不同方向拖拽产品，来全方位了解产品信息。同时，虚拟现实（VR-virtual reality）能够生成一个逼真的，具有视、听、触等多种感知的虚拟环境，用户通过使用各种交互设备，与虚拟环境中的实体相互作用，使之产生身临其境的感觉。顾客通过虚拟现实以及三维立体展示，能够对商品有更为全面的认识与了解，会在很大程度上增加购买率。

3. 联系信息可视化

如前文所述，联系信息不同于产品、买方卖方等实体信息，其主要表现为抽象信息。联系信息可视化大多通过数据挖掘技术以及社会网络分析方法来抽取、分析、挖掘这些抽象信息之间的联系，使抽象信息能够以图形、图像，以及多媒体等方式显现出来。联系信息可视化将这种隐性的抽象信息显性化，通过显性化的信息来发掘知识，能为企业的运营发展、顾客营销（如个性推荐）等奠定基础。

4.7.4　可视化电子商务的特点以及展望

随着网络带宽和信息技术的不断进步与发展，可视化技术在电子商务中的应用将越来越广泛。可视化电子商务对比传统电子商务，有其独特的特点与优势。

1. 信息量丰富　促成交易

通过文字、图片等二维方式来展示商品，有其先天的瓶颈限制，其所描述的信息较为抽象，用户很难把握商品的全部细节。一方面，商品展示不充分，会使潜在消费用户流失；另一方面，由于用户对商品没有全面的认识和把握，可能会在购买后发生退货、换货等问题，无论对商家还是对消费者来说，都费时、费力，增加交易成本。

通过多媒体可视化技术，能够有效融入视频、音频、图片，辅以文字说明，对商品进行全方位、多角度展示。多媒体可视化打破传统电子商务中的商品信息展示方式，不仅能够全方位了解产品信息，用户还可以借助外部终端等设备（或是触摸式感应）随意拖拽来了解商品每一个部位的详细情况。

2. 降低管理以及服务成本

通过可视化电子商务平台进行远程培训、实时监控生产，以及仓库、远程会议与协同办公，除了能有效降低企业的管理成本之外，更能提高企业内部的沟通效率，进而提高整体运作效率。

在服务方面，大多数企业通过设立呼叫中心来解决用户在使用产品时遇到的各种问题。在可视化电子商务平台中，企业可以将产品的详细使用方法、常见问题排查方法等分门别类，将其可视化为多媒体视频，用户无须通过人工服务，任何时间里都能得到有效服务，提升顾客满意度，打破时间、空间限制。另外，企业也无须再设立规模巨大的呼叫中心来解决那些用户最常遇到的问题。

3. 简单易用

可视化电子商务，同样也是基于 web 运行的，用户无须安装任何插件和客户端，只需通过浏览器便能使用。可视化电子商务平台提供的各类应用，其复杂的技术、算法全部在后台运行，对用户来说是透明的、无法感知的。用户不用记住繁复的指令，便能完成各种操作，简单快捷。

对企业而言，通过可视化电子商务平台提供的各类工具，能够短时间内打造出符合企业自身条件的各类可视化应用，如产品展示、企业展示频道（类似于一个企业办的"电视台"）、在线服务（商品使用技巧、方法、步骤等）。

4. 更有针对性　成为营销新热点

可视化电子商务中的各种营销活动（如视频广告等），利用计算机技术能够针对不同地区、不同消费习惯与需求人群（通过数据挖掘获得）有针对性地进行定向营销。对比传统"广撒网"式的盲目营销而言，这种营销效果更好、更有效。

可视化电子商务平台提供的统计分析工具，可以按照用户设定的规则对正在进行的营销活动（项目）进行追踪，实时记录访问人群信息，如 IP 所在地、页面停留时间、来路（其他网站链接等）、跳出页面等；根据营销活动产生的数据，利用可视化电子商务平台提供的分析工具进行数据分析与挖掘，找出营销中的问题所在，为后续的营销活动提供参考。

视频营销，将成为企业营销的热点和主流。除了比传统媒体具有高效、低成本、可监测、更有针对性等优势之外，视频营销或将改变（颠覆）现有的网络广告营销模式。目前的网络广告大多投放在内容页面，主要显示在顶部、左右对联、内容右侧、弹出窗口等位置。一方面，由于目前浏览器的广告过滤功能已经过滤了很多广告，使得网络广告的覆盖面大幅降低；另一方面，用户对网络广告已经产生视觉疲劳，对网络广告早已是"视而不见"；同时，有的页面上投放了多个广告，页面广告布局拥挤不堪，用户早已头晕目眩，根本起不到营销推广的作用。

所以，未来的营销推广将逐渐走向视频营销。其主要原因一是网民数量的不断增多，网络作为新媒体已经对人们的生活、工作带来了巨大影响，其影响力在未来将会超越电视、报纸等传统媒体；二是营销效果比传统媒体以及目前的网络广告更有效，企业将逐渐减少现有广告投放方式，将目光瞄向视频营销；三是网络带宽和技术升级，在互联网刚起步的时候，限于带宽和技术，谁都不会预料到现在如此丰富的互联网应用（如视频等），所以，网络带宽和技术的升级，将为视频营销和可视化电子商务提供基础条件；四是视频营销费用比传统电视的营销费用低得多。中小企业无力承担高额推广费用，并且电视广告投放有限（如每天的广告数量一定、时间段限制等），而视频营销完全打破了时间、空间限制。

云计算（泛在计算）环境下，对中小企业而言，无须投入巨大的人力、物力、财力来自行研发相关技术。通过专业的可视化电子商务平台来开展电子商务是一个很好的选择。一方面，企业能按需选购（租用）可视电子商务平台上的工具，经过简单的操作便能完成各种需求，无须投入巨额资金自行研发；另一方面，专业电子商务平台汇集了各个行业的企业以及各类商业资讯，企业能够在这些海量信息中获得商机。同时，借助专业电子商务平台，企业无须专业人员来维护和更新系统，因为所有的操作都是基于 web 的，仅需通过浏览器。可视化电子商务以其独特的优势，成为下一代电子商务发展的风向标。

4.8　泛　在　化

某一天您正在开会，手机感知到开会这个环境而自动将情景模式切换到"静音模式"，并且自动答复所有来电"主人正在开会"。大多数人看来，这无异于天方夜谭。但是，您还记得么？十多年前，谁又会想到今天人们可以不用到处寻找公用电话而随时随地用手机来沟通呢？这就是泛在计算，它意味着您再也不用为了使用计算机而去寻找一台计算机。无论什么地方、无论什么时间，人们可以根据需要获得计算能力，人类生活从 E 时代走入了 U 时代。

4.8.1　泛在概述

泛在（ubiquitous），来源于拉丁语，其意思是：存在于任何地方（existing everywhere）。1991 年，Xerox 实验室的计算机科学家 Mark Weiser 首次提出一种超越桌面计算的全新计算模式——泛在计算（ubiquitous computing）。Mark Weiser 指出，那些对人类影响最大、最深刻的技术是隐藏起来不为人所见的，它们被植入到日常生活的各种材料中，无法清晰地分辨出来。

现在的学术文献中泛在计算也经常以"pervasive computing"出现，泛在计算（普适计算）的基本思想是：为用户提供服务的普适计算技术将从用户意识中彻底消失，即用户和周围环境（无数大大小小的计算设备）在潜意识上进行交互，用户不会有意识地弄清楚服务来自周围何处的普适计算技术，就好比我们每天重复着开电灯、关电灯动作，却不会有意识地问自己电来自何方发电厂一样

（郑增威和吴朝晖，2003）。人们可以通过手持终端、穿戴设备与网络发生交互与感应。

在普适计算基础上，又衍生出泛在网络（ubiquitous network），它是指无所不在的网络，又被称作 U 网络。泛在网络具有无所不在、无所不包、无所不能的基本特征，能够帮助人类实现"4A"化通信，即在任何时间（anytime）、任何地点（anywhere），任何人（anyone）、任何物（anything）都能顺畅地通信。泛在网络的主要特点有以下三个方面。

（1）无论何时何地采用何种接入方式，都能提供在线宽带服务。

（2）泛在智能终端及传感器网络能够进行环境感知和上下文信息采集，支持信息空间与物理空间的融合。

（3）网络空间、信息空间和物理空间实现无缝连接，软件、硬件、系统、终端、内容、应用实现高度整合，基础通信网、应用网和射频感应网趋向融合（古丽萍，2009）。

4.8.2　泛在计算（网络）的架构层次

泛在网络不仅要提供人与人之间的通信能力，还要实现人与物、物与物之间的通信，实现社会化的泛在通信能力。因此，需要在现有网络接入能力的基础上延伸覆盖和接入能力。此外，泛在网络注重与物体进行通信，需要实现物体信息化，同时这些物体应该具备环境感知能力和智能性。也就是说，通信的物体具备了信息能力、感知能力、智能能力（周海涛，2009）。总体来说，泛在网络涉及三大技术体系。

1. 终端设备

终端设备是泛在网络的神经末梢，形式上表现为多样性，除了传统的计算机、智能手机、PDA 等之外，也可以是任何能感知网络的智慧物品；功能上表现为丰富性，能够完成商务、生活等方面的事务处理功能；伴随传感器、电子、通信技术的不断进步，终端设备在信息处理能力、体积大小、应用场所等方面也将会得到进一步发展。

2. 基础网络

泛在网络并不是一个全新的网络，而是建立在现有互联网、电话网、网络融合后的下一代网络（NGN）以及一些专用网之上的。接入技术包括无线移动通信技术、光纤、传感器网络，以及无线射频 RFID 等技术。目前，业界对泛在网络的架构还没有一个比较统一与认可的说法。ITU-TSG13 研究组 Y. USN（U-biquitous Sensor Network）标准草案中，将 USN 划分为五个层面，即传感器网络层、接入网层、网络核心层、USN 的中间件层和 USN 的应用层。从这里也可以看出韩国的泛在网络影子，即各种传感器网络在最靠近用户的地方组成无所不在的网络环境，用户在此环境中使用各种服务（续合元，2009）。

3. 应用软件

系统软件对普适计算环境中大量联网的信息设备、智能物体、计算实体进行无缝集成与管理，为它们之间的数据交换、消息交互、服务发现、任务协调等提供系统级的支持。普适计算的系统软件不同于传统分布式系统软件，主要有两个基本特点：物理集成和自发的互操作。由于普适计算环境存在任务动态性和设备异质性等特点，普适计算系统软件需要解决设备与服务的发现与自适应等问题，实现对物理实体的管理以及模块间的协调机制，同时还要保证系统的鲁棒性和安全性（吴先涛和吴承治，2009）。

4.8.3　泛在环境下的电子商务

当前，世界各国都在积极推动在泛在网络方面的研究，也出现了越来越多的应用，如在医疗（U-care）、家庭生活（U-home）等方面。而泛在网络的出现，也为电子商务的创新、应用与发展创造了先机。泛在网络环境下的电子商务应用与服务将会越来越多。

1. 为智能电子商务发展奠定基础

消费者通过各种终端设备连接到网络，形成一个无缝的、交互的泛在计算环境。泛在网络中的传感器能够感知终端设备发出的各种请求，自动调度网络中现存的资源与应用，主动为用户提供服务，提高电子商务的效率。

2. 商品识别

泛在计算能够有效替代现在使用的商品条形码，同时能够提供更多的商品信息服务（朱宁贤，2007）。例如，当消费者在超市中计划选购某种产品，因为超市中每件商品都具备一个微型标签，消费者用终端设备读取标签内容，便可以知道该产品的产地、生产日期、价格等信息。如果消费者对所挑选的商品不满意，还可以进一步查询，通过便携设备无线连接到超市的数据信息服务器上，来查询满足要求的、相关的其他商品信息。泛在网络中的数据信息服务器可以将搜索结果以语音、图片、视频等立体展示的方式反馈给消费者，包括商品的位置、价格等详细信息，帮助用户了解、获得更多的商品信息。

3. 个性化营销与推荐

在用户向泛在网络中的某些服务商开放消费习惯以及行为之后，当消费者终端处于电子商务泛在环境下时，泛在网络能够根据用户以往的消费习惯，向用户推荐相关商品，同时能够依据用户的历史消费、季节、性别等因素向用户推荐全新的商品和服务。

4. 电子商务谈判议价

销售者输入商品的基本信息，并设置期望的最高售价、可接受的最低售价，以及议价策略的最高轮次等参数。泛在网络的 agent 系统根据消费者的出价及销售者输入的基本参数计算消费者每轮出价的压价幅度，并在模式库中搜寻可匹配的消费者出价模式。通过这种方式完成一轮一轮的人机交互谈判。泛在环境下建立的电子商务谈判议价系统，能够提供无所不在、个性化、方便快捷、可靠的商务服务，对电子商务的发展有很好的借鉴、应用及推广价值（杨秀杰和陈平，2009）。

泛在网络的应用，得到世界各国的重视。日本在 2004 年启动了"U-Japan"计划，希望将日本建设成一个"anytime, anywhere, anything, anyone"都可以上网的环境，实现无所不在的日本（ubiquitous Japan）；韩国在 2006 年推出"U-Korea"政策，意在建立无所不在的社会（ubiquitous society）；新加坡的"下一代 I-Hub"计划，旨在通过一个安全、高速、无所不在的网络实现下一代的连接；IBM 提出"智慧地球"概念，得到美国政府的大力支持。

泛在计算作为一种全新的应用模式，对信息技术以及社会的各个方面产生了深远的影响，为电子商务的发展注入了新活力。探索泛在环境下的电子商务模式创新，必将掀起电子商务的新一轮浪潮。

4.9 智 能 化

电子商务在经历了传统电子商务（借助电话、传真完成）、EDI（electronic data exchange，通过增值网完成）、web/browser（互联网/浏览器，通过互联网完成）等阶段之后，正朝着智能化电子商务方向发展。智能电子商务是借助分布式计算（云计算）及人工智能方法来实现商务信息的自动、智能处理，是今后电子商务发展的趋势。智能化电子商务是建立在互联网、物联网，以及人工智能技术基础之上的。

智能电子商务应用主要可以分为两大类：一类是由商家（电子商务服务平台、运营商）推出的智能商务应用，如商品智能交易、商品个性关联推荐等；另一类主要是企业内部电子商务，主要由各企业通过数据仓库、数据挖掘等方法来对商务信息进行深度发现，提升企业竞争力。

4.9.1　基于 agent 的智能电子商务交易

目前正是网络信息爆炸的时代，面对海量的商业信息，交易双方需要花费很多时间才能在这些信息中寻找到真正有价值的信息，最终达成交易。智能代理（intelligent agent）就是为此而设计的。

agent 是运行于动态环境中具有较高自治能力的实体，是能感知环境并作用于自身和环境的系统。多 agent 系统（multi-agent system，MAS）是在开放、分布、异构的环境中多个自治智能 agent 相互作用所形成的动态系统，在多 agent 系统中每个 agent 都有独立的功能，但它们之间必须交互来完成一定的任务（Krulwich and Burkoy，1997）。智能代理与现实世界中的"代理人"（或是秘书）类似，它能够 24 小时在网络上活动，按照委托人（电子商务中的买卖双方）设定好的范围与规则，自动搜集、整理、分析资料、自动出价等，帮助交易双方自动完成交易。智能 agent 的出现能够有效帮助买卖双方降低交易成本。

由多个不同职能的 agent 分工合作，共同构成一个完整的电子商务应用系统，主要体现在以下六个方面（陈德军和李婷，2007）。

（1）交互 agent：负责不同 agent 与 agent、agent 与客户之间的信息传递与应答，使多 agent 能够相互协作，完成用户的委托。

（2）搜索 agent：在接受用户及其他 agent 的委托之后，自动在网络以及本地数据库（主要指本电子商务平台）中匹配结果。

（3）导购 agent：负责接受用户的委托，并将搜索任务进行分类后，将其传给信息搜索 agent。另外，它还负责在各个信息搜索 agent 之间自发地协调搜索任务，保证系统的负荷平衡。

（4）评价筛选 agent：将信息搜索 agent 搜索的结果传到候选商品集合，再从偏好获取 agent 那里得到用户的偏好数据，以此对候选商品集合中的候选项作出评价。它根据评价结果的高低对候选集进行排序，留下评价较高的候选项作为推荐商品集合。随着信息搜索 agent 不断传入新数据，评价筛选 agent 将推荐项集合与新的候选项集合放在一起，进行新一轮的评价筛选，并更新推荐商品集合。这个推荐商品集合可随时传给用户交互 agent，供用户查看。

（5）谈判 agent：买卖代理体之间、买卖代理体与直接参加交易的用户之间都存在谈判，智能代理谈判方式的优劣直接关系到其委托人的利益。谈判 agent 主要包括设计面向多问题并行遗传谈判平台、电子谈判协议（electronic negotiation protocol，ENP），以及电子谈判系统（electronic negotiation system，ENS）等（王玉，2009）。

（6）出价 agent：出价 agent 能够按照用户设定好的底价、最高最低可接受价格范围等参数，自动对商品进行出价。整个过程中无须用户的人工干预便可完成。

随着智能代理技术的不断完善，其在电子商务中的应用也在逐步增强。智能代理，在降低电子商务交易成本、提升电子商务效用方面起到了重要的作用，主要表现在以下五个方面（崔志明，2002）。

（1）帮助企业（个人）更加有效地接触到消费对象，便于商品、服务得以高效率传递；

（2）有助于实现网络营销的交互性和互动性，可以有效解决"信息过载"，以及"资源迷向"问题；

（3）更好地满足买卖双方对交易方便性的需求，便于实现个性化服务；

（4）帮助营销业务更有效地进入新的"营销环境"，跟上经济社会的快速发展；

（5）有助于加强和提高电子交易的磋商效率。

智能 agent 技术的智能化电子商务，有效作用于企业价值链和虚拟价值链的每一个环节，减少各种诸如信息搜寻、商品出价等交易成本。

4.9.2　个性化智能推荐

互联网的快速发展，以及网购人数的不断增多，使得各类电子商务网站如雨后春笋般冒出。同时，电子商务网站本身的商品及信息数量也在不断增加，网站在为用户提供越来越多选择的同时，也遭遇了信息过载所带来的问题。一方面，目前搜索技术尚未达到非常智能的程度，用户面对海量信息显得无所适从，只能望"信息"兴叹，找不到真正所需资讯；另一方面，电子商务网站本身不能有效利用海量数据为不同用户推荐所需，以至于用户流失率居高不下。个性化智能推荐技术应运而生，能够有效解决这些问题。

（1）提高客户转化率。智能推荐技术类似于商场中的销售人员，能够为用户量身定做推荐合适的信息，帮助客户找到所需商品满足客户需要，将浏览者转变为消费者。

（2）提高电子商务系统的交叉销售（黄晓斌，2005）。电子商务推荐系统在用户购买过程中向用户提供其他有价值的商品推荐，用户能够从提供的推荐列表中购买自己确实需要但在购买过程中没有想到的商品，从而能够有效提高电子商务网站的交叉销售。

（3）有效降低客户流失率。电子商务推荐技术可以对客户的历史购买信息进行挖掘，根据用户需求向用户推荐合适的产品，大幅度提升用户满意度，从而留住用户、减少用户流失。

目前常见的推荐技术有协同过滤、基于内容过滤、基于用户统计、基于知识和基于效用等，其中协同过滤和基于内容的过滤技术在推荐系统中应用最为广泛。

1. 基于协同过滤的推荐技术

基于协同过滤的推荐是目前研究最多的个性化推荐技术，它根据其他用户的观点产生对目标用户的推荐列表，推荐的个性化程度高。在协同过滤推荐系统中，用户描述的典型方法是以商品及其评价为分量的向量来表示，向量将随着用户与系统交互时间的增加而不断增大。协同过滤推荐的核心思想是：认为用户会倾向于购买具有相似意向的用户群所购买的商品，因而它在预测某个用户的商品购买倾向时是根据一个用户群的情况而决定的（曹毅和罗新星，2007）。

2. 基于内容过滤的推荐技术

基于内容的过滤技术是信息过滤的派生和继续，这种推荐技术常采用两种方法（刘平峰等，2007）。

（1）基于特征。即用相关特征来定义所要推荐的商品，定义方法可以采用向量空间模型、矢量权重模型、概率权重模型或贝叶斯模型（Sehafer and MetaLens，2007）。系统通过学习用户已评价或购买过的商品特征来获得对用户兴趣的描述，即用户概要信息（user profile），并且随着系统对用户偏好的学习而不断更新，使用的学习方法包括决策树、神经网络和基于矢量的表示等（Burke，2002）。若一个商品与用户兴趣很相近，则系统向该客户推荐该商品。

（2）基于文本分类。与基于特征的方法不同，基于文本分类的方法通过成千上万的文本特征（即词汇与短语）学习来构建有效的分类器，然后利用该分类器对文本进行分类，若所分类别与用户兴趣相符则向用户作出推荐，该方法主要用于网页和书籍等领域的推荐。

（3）基于人口统计的推荐。基于人口统计的推荐主要是指根据个人特征对用户分类，并基于人口统计信息作出推荐。早期的 Grundy 通过交互式对话来收集个人信息，用户的反应与一个人工创建的模式库相匹配。另外，还有一些系统是采用机器学习来得到一个基于人口统计信息的分类器。基于人口统计的推荐系统与协作推荐比较相似，但实际使用的数据完全不同，其优点在于不需要用户评价历史数据（黎星星等，2004）。

智能个性化推荐，作为电子商务应用的新兴技术，能够帮助用户更快更好地获取资讯，留住老用户、吸引新用户，已经受到越来越多企业的关注。智能推荐技术将广泛应用于未来的电子商务网站中。

4.9.3　企业内部电子商务智能化

20 世纪 90 年代初出现的 ERP，是企业提升管理能力和竞争力的一大利器。时过境迁，互联网和电子商务时代里，企业所面临的竞争环境、商务模式等都发生了巨大变化。传统 ERP 还大多停留在历史数据的分析与报表生成阶段，而此时电子商务智能化需求就显得异常迫切。对广大企业而言，提高电子商务智能化水平，有助于抢占商业先机，保持企业领先优势。

企业内部电子商务智能化是建立在商务智能相关技术基础之上的。商业智能（business intelligence，BI）这一术语，在 1989 年由加纳集团（Gartner Group）的 Howard Dresner 第一次提出。它描述了一系列的概念与方法，通过应用基于事实的支持系统来辅助商业决策的制定。商业智能技术提供使企业迅速分析数据的技术和方法，包括收集、管理和分析数据，将这些数据转化为有用的信息，然后分发到企业各处。

商业智能的基本体系结构主要包括数据仓库、多维分析和数据挖掘三个部分。商业智能的实质是将海量、无序数据转换为情报、知识的过程。在此过程中，数据集成工具对来源数据格式进行清洗、转换、合并、计算等；数据在存储过程中建立存储模型，完成统一的数据视图，为接下来的应用提供基础数据；而数据分析工具主要包括 OLAP（联机分析处理）、数据挖掘工具、统计分析工具，以及其他人工智能工具等。基于商务智能（BI）的电子商务智能化技术，主要包括下面三种核心技术。

1. 数据仓库

数据仓库之父 Inmon（1991）提出了"数据仓库"（data warehouse，DW）的概念，其定义是"一个用以更好地支持企业或组织的决策分析处理的、面向主题的、集成的、不可更新的、随时间不断变化的数据集合"。数据仓库的定义有以下四个基本特征（姜彬和赵广荣，2004）。

（1）面向主题，是与传统数据库的面向应用相对应的。主题是一个在较高层次将数据归类的标准，每一个主题对应一个宏观分析领域。基于主题的数据被划分为各自独立的领域，每个领域有自己互不交叉的逻辑内涵。

（2）集成，是指原始数据进入数据库前，必须先经过加工与集成，统一原始数据中的矛盾之处，并将原始数据的结构从面向应用转换到面向主题。

（3）随时间变化，是指数据仓库内的数据是历史数据，数据时限长，且数据包含时间项属性。

（4）稳定，是指数据仓库在某一时刻供用户分析处理是不能进行数据更新操作的，而不是说数据仓库在整个生命中其数据集合总是不变的。

2. 数据挖掘技术

数据挖掘技术主要用于从大量的数据中发现隐藏于其后的规律或数据间的关系，它通常采用机器自动识别的方式，不需要更多的人工干预。采用数据挖掘技术，可以为用户的决策分析提供智能的、自动化的辅助手段，在零售业、金融保险业、医疗行业等多个领域都可以有很好的应用（余长慧和潘和平，2002）。

3. 联机分析处理（OLAP）

联机分析处理（on-line analysis processing，OLAP）的概念在 1993 年由关系数据库之父 Edgar Frank Codd 提出。通俗点来讲，它是专门针对特定问题的联机数据访问和分析。通过对信息的多角度（维）进行快速、一致、稳定的交互访问，决策分析人员可以深入地观察。应该说 OLAP 工具是为了满足更高效地进行多维分析的需求而产生的，其主要功能是根据用户所选择的分析角度，事先计算好一些辅助结构，以便在查询时能够尽快抽取到所需要的记录，尽快地计算分析的结果，并快速地从一维转变到另一维，用户就可以在短时间内从各种不同角度审视业务的经营情况。"联机"一词形容的就是这种机动的、快速显现的功能。更直接地说，数据仓库应该是一种体系结构的基础，而 OLAP 则是一种技术。在整个数据仓库的体系结构环境中，数据集市层用的就是 OLAP 技术，这一层的 DBMS（数据库管理系统）称为多维 DBMS（梅伟恒等，2006）。

基于商业智能的电子商务智能化系统，主要包括数据预处理、建立数据仓库、数据分析及指标展现等四个主要阶段。商业智能系统的指标展现是技术发展较活跃的部分。OLAP 与商业智能采用 B/S（browser/server，浏览器/服务器）结构与企业电子商务门户以及后台进行集成，以 XML 形式输出智能应用的分析结果，将是以后企业内部电子商务发展的新趋势。商业智能与企业电子商务门户、企业应用系统（ERP/CRM/SCM 等）的集成将会越来越紧密，电子商务智能化系统不再是一个孤立的应用，它与企业中的其他应用系统能够紧密集成（李爽，2004）。

IBM 去年提出的"智慧地球"理念，是未来互联网、电子商务的发展愿景，并将最终实现电子商务智能化。物联网实现了物品与物品之间的联系，然后通过互联网络将客观世界中的实体与人类融合起来。电子商务智能化是在"物联化"、"互联化"基础上发展而来的。物联化、互联化所解决的是"联系"问题，而智能化则是要解决在这个网络中系统如何运行的问题。电子商务智能系统对网络上非结构化的、离散的信息进行聚类、分析，与企业电子商务门户以及后台紧密集成，产生企业所需的情报与知识，提高运营水平与竞争力。

参 考 文 献

艾瑞咨询. 2008. 2008 年手机网民手机上网行为调研报告

曹毅, 罗新星. 2008. 电子商务推荐系统关键技术研究. 湘南学院学报, 29, (5): 63~74

陈德军, 李婷. 2007. 基于多 Agent 的智能电子商务系统研究, 计算机与数字工程, 35 (11): 41~43

陈远, 邹晶. 2009. 网络实名制: 规范网络信息传播的必由之路. 山东社会科学, (1): 66~69

崔志明. 2002. 基于智能 Agent 技术的电子商务研究. 微电子学与计算机, (11): 36~43

但斌, 胡军, 邵汉华, 等. 2010. 电子商务与产业集群联动发展机理研究. 情报杂志, 9 (6): 199~147

高功步, 焦春风. 2005. 中国中小企业电子商务国际化发展战略. 世界经济与政治论坛, (2): 117~120

古丽萍. 2009. 面对泛在网络发展的思考. 现代电信科技, 39 (8): 65~69

郝凤英. 2002. 垂直网站及其信息服务模式. 情报理论与实践, 25 (2): 136, 137

郝幸田. 2008. 提高企业宣传片在形象产品推介中的效力. 企业文明, (10): 87~90

黄晓斌. 2005. 网络信息挖掘. 北京: 电子工业出版社

姜彬, 赵广荣. 2004. 基于数据仓库基础上的数据挖掘技术综述. 山东电大学报, (2): 29, 30

姜奇平. 2010. 网络实名制关系信息时代社会契约. 互联网周刊, (4): 29~31

黎星星, 黄小琴, 朱庆生. 2004. 电子商务推荐系统研究. 计算机工程与科学, 26 (5): 7~10

李东平, 王喜成. 2006. 电子商务有助于中国机械制造企业国际化. 机械制造, 44 (11): 50~53

李爽. 2004. 商业智能综述. 焦作大学学报, 18 (4): 69~94

梁欣. 2008. 中国 C2C 电子商务网站的盈利模式研究. 商场现代化, (34): 72, 73

刘古权, 冯玉强, 韩雪. 2009. SaaS 提升供应链竞争优势. 企业管理, (2): 102~104

刘平峰, 聂规划, 陈冬林. 2007. 电子商务推荐系统研究综述. 情报杂志, 26 (9): 46~50

刘晓云, 黄婕. 2009. "10 亿美元" 的当当网. 网络传播, (7): 66, 67

刘洲荣. 2010. 温江花木触电 "全程". 经营管理者, (2): 109, 110

毛华扬, 魏然. 2008. 全程电子商务发展及架构模型探讨. 中国管理信息化, 11 (17): 95~97

梅伟恒, 康晓东, 江玉彬. 2006. 基于数据仓库的 OLAP 技术的研究综述. 中国科技信息, (14): 134~138

佘镜怀. 2009. 基于软件运营 (SaaS) 模式的电子商务系统构建. 管理案例研究与评论, (6): 387~395

沈磊. 2002. 网络时代中小企业的国际化经营思考. 乡镇企业研究, (2): 28, 29

石玉, 赵锐. 2009. 垂直网站越专业越有效. 现代广告, (8): 80~88

田旭. 2006. 被漠视的金矿——深入探究中国 B2B 垂直行业网站生存状态. 电子商务世界, (2): 24~32

王丰. 2009. 国际电子商务发展的主要障碍及我国的应对之策. 对外经贸实务, (6): 82~85

王谢宁. 2007. 电子商务企业国际化的机遇与危机及应解决的问题. 现代企业, (5): 61, 62

王有为, 胥正川, 杨庆. 2006. 移动商务原理与应用. 北京: 清华大学出版社. 7~12

王玉. 2009. 智能电子商务商品自动交易平台及其关键问题研究. 现代管理科学, (1): 60~67

吴先涛, 吴承治. 2009. 普适计算与泛在网络. 现代传输. (3): 51~63

新华网. 2010. 2010 年中国电子商务市场交易额将过 4 万亿. http://www. zj. xinhuanet. com/news-center/2010-08/08/content _ 20558736. htm

许正军. 2009. 企业信息化趋向 "全程电子商务". 上海信息化, (10): 52, 53

续合元. 2009. 泛在网络架构的研究. 电信网技术, (7): 22~26

杨城, 童利忠. 2009. 供应链环境下的链主模式. 企业管理, (1): 96~98

杨秀杰, 陈平. 2009. 基于普适计算环境的电子商务议价系统的研究. 科学咨询, (21): 51

佚名. 2010. 2010 年 B2B 电子商务发展的几个新趋势. http://www. phpb2b. com/2010/01/19/198

游静，杜娟，宗乾进. 2008. 浅议我国移动商务价值链与商务模式的发展趋势. 中国集体经济，（21）：114，115

余长慧，潘和平. 2002. 商业智能及其核心技术. 计算机应用研究，19（9）：14～26

袁雨飞等. 2006. 移动商务. 北京：清华大学出版社. 20

张如敏，王传宝. 2007. 行业垂直类 B2B 网站的 SWOT 分析. 经济论坛，（8）：65～67

张晓丹. 2010. 我国网络实名制的可行性分析. 郑州航空工业管理学院学报（社会科学版），（8）：111～114

赵金，于国富，刘津，等. 2009. 网络实名制之前思后想. 青年记者，（5）

郑增威，吴朝晖. 2003. 普适计算综述. 计算机科学，30（4）：18～29

中国互联网网络信息中心. 第 25 次中国互联网络发展状况统计报告

中国互联网信息中心. 2005. 第二十六次中国互联网络发展状况统计报告. http://www. cnnic. net. cn/uploadfiles/pdf/2005/7/20/210342. pdf

周海涛. 2009. 泛在网络的技术、应用与发展. 电信科学，（8）：97～100

周一斌. 2000. 中国电子商务发展六大趋势. 中外经贸信息，（7）：23～44

朱宁贤. 2007. 电子商务在普适计算时代的机遇和挑战. 商场现代化，（08Z）：149～150

Allen E, Fjermestad J. 2001. E-commerce marketing strategies: an integrated framework and case analysis. Logistics Information Management，14（1/2）：14～23

Burke R. 2002. Hybrid recommender systems: survey and experiments. User Modeling and User-Adapted Interaction，12（4）

Eick S G. 1994. Graphically displaying text. Journal of Computational and Graphical Statistics，（3）：127～142

Inmon W H. 2000. 数据仓库. 北京：机械工业出版社

Krulwich B，Burkoy C. 1997. The info finder agent: learning user interests through heuristic phrase extraction. IEEE Expert，12（5）：22～27

Mohamed UA，Galal-Edeen GH，El-Zoghbi AA. 2010. Building Integrated Oil and Gas B2B e-Commerce Hub Architecture Based on SOA. International Conference on e-Education，e-Business，e-Management and e-Learning: IC4E 2010，PROCEEDINGS：599-608

Robert Plant. Creating an Integrated E-commerce Strategy. http://ptgmedia. pearsoncmg. com/images/0130198447/samplechapter/0130198447. pdf

Robertson G，Card S K，Mackinlay J D. 1989. The cognitive coprocessor architecture for interactive user interfaces. Williamsburg: Proceedings of the 2nd annual ACM SIGGRAPH symposium on User interface software and technology

Sehafer J B，MetaLens A. 2001. Framework for Multi-Source Recommendations：[Doctor Thesis]. Twin Cities：University of Minnesota

Stasko J. 2008. 2004 syllabus for CS7450，Information Visualization. http://www. cc. gatech. edu/classes/AY2004/cs7450 _ spring/ Spring 2004

Wapedia. 普适计算 http://wapedia. mobi/zh/普适计算

第5章 未来，为你而来

风生、水起、潮涌，朝气蓬勃的电子商务，你不能视而不见；蒸蒸日上的繁荣经济，你更不会视若无睹。十年，我们辛苦而快乐，我们流过眼泪，却伴着欢笑，我们踏着荆棘，却嗅得万里花香。电子商务潮起潮落，一批批先驱与先烈前赴后继，终于走向了繁华。十年星火一甲子，一朝燎原映千年，2010 年是我国"十一五"规划的最后一年，如果说过去的十年是电子商务启蒙的十年，那么接下来的十年又将如何？或许，过去的十年只是少数先行者的舞台，然而并不意味着接下来的十年依旧如此。2010 年，中国电子商务时代又一个十年的全新开始，任何人都有足够的理由成为梦想家。风好正是扬帆时，电子商务就是你梦想开始的地方。

5.1 乘天时，顺势而起

"农夫朴力而寡能，则上不失天时，下不失地利，中得人和而百事不废"（出自《荀子·王霸篇》），最早阐述了天地人和的辩证关系，任何成功都离不开好的时机。

5.1.1 政策支持，领先一步

大力发展电子商务、两化融合（工业化、信息化融合）、物联网、云计算等已经引起国家重视，多部门正在酝酿、制定多项政策，以扶持和规范电子商务产业的健康发展。

2004 年 8 月 28 日，第十届全国人民代表大会常务委员会第十一次会议通过的《中华人民共和国电子签名法 》，标志着我国电子商务将告别过去无法可依的历史。2005 年 1 月，《国务院办公厅关于加快电子商务发展的若干意见》（国办发［2005］2 号）出台，它是我国电子商务领域的第一个政策性文件，对指导新时期的电子商务发展和信息化建设，具有十分重要的意义。

2006 年 5 月 8 日，中共中央办公厅、国务院办公厅印发了《2006—2020 年国家信息化发展战略》。在战略中，明确了电子商务行动计划[①]：营造环境、完

---

① 《2006—2020 年国家信息化发展战略》. http://www.miit.gov.cn/n11293472/n11293877/n11301602/n12221933/12249702.html

善政策，发挥企业主体作用，大力推进电子商务，引导中小企业积极参与，形成完整的电子商务价值链；加快信用、认证、标准、支付和现代物流建设，完善结算清算信息系统，注重与国际接轨，探索多层次、多元化的电子商务发展方式；制定和颁布中小企业信息化发展指南，分类指导、择优扶持，鼓励中小企业利用信息技术，促进中小企业开展灵活多样的电子商务活动；立足产业集聚地区，发挥专业信息服务企业的优势，承揽外包服务，帮助中小企业低成本、低风险地推进信息化。

2009 年 11 月，商务部发布了《关于加快流通领域电子商务发展的意见》，提出要扶持传统流通企业应用电子商务开拓网上市场，培育一批管理运营规范、市场前景广阔的专业网络购物企业，扶持一批影响力和凝聚力较强的网上批发交易企业。

2004～2009 年，我国政府先后颁布实施了多个促进电子商务发展的法律法规。在 2010 年的全国"两会"上，很多关于电子商务的议案依然是公众关注的焦点。"两会"期间，温家宝总理在作的 2010 年《政府工作报告》中明确提出要加强商贸流通体系等基础设施建设，积极发展电子商务[①]。这也是首次在全国"两会"的政府工作报告中明确提出要大力扶持电子商务，无疑将为中国电子商务的发展注入一剂"强心针"。根据此前商务部提出的目标，到"十二五"规划末，我国电子商务的市场规模将有望占到 GDP 的 5%。

政策重视的"天时"优势，使得电子商务成为各路风险投资（VC）们共同看好的热点。红孩子、梦芭莎、乐淘网等 B2C 均获得了千万美元的投资，而 B2C 京东商城则获得了老虎环球基金的总金额超过 1.5 亿美元的投资。另外，地方政府也在制定相关地方性政策法规，促进电子商务的快速发展。比如，2010 年 4 月，深圳首次发布了以"服务电子商务市场"为重点的政策措施——《关于服务深圳电子商务市场健康快速发展的若干措施》，其中"没有办公场所也可以注册电子商务企业"等放宽电子商务准入条件的创新政策尤为引人注目[②]。

国家工商部门目前正在就电子商务企业认证以及消费者权益保护等问题进行调研，相关管理意见也将陆续出台。这将有助于为电子商务营造更好的发展环境。

5.1.2　云端计算，胜筹在握

云计算是下一代信息化基础设施的核心，未来的大量应用将建立在云计算平

---

① 信息通信导报．我国电子商务接下来往哪里走．http://xxdb.zj.ct10000.com/zjydb/zjydb/showArticleContent.do? articleid=889ACC2B7F000001A E4612B7A35B4D18&issueid=287&columnid=251

② 新华网．深圳：没办公场所也可注册电子商务企业．http://news.xinhuanet.com/internet/2010-04/26/content_13425588.htm

台之上，云计算也是引领未来 IT 创新和电子商务的关键技术和战略性技术。

1. 政府高屋建瓴　帷幄运筹

2010 年 7 月 9 日，北京市经济和信息化委员会牵头的北京"祥云工程"正式启动实施，抢占云计算产业发展的制高点。该工程计划到 2015 年形成 500 亿元的产业规模，带动整个产业链规模达到 2000 亿元，使云应用的水平居于世界前列，使北京成为世界级云计算产业基地①。

2010 年 10 月 18 日，工业和信息化部联合发展改革委员会联合印发《关于做好云计算服务创新发展试点示范工作的通知》，确定在北京、上海、深圳、杭州、无锡等五个城市先行开展云计算服务创新发展试点示范工作。2010 年 10 月 27 日，由上海市杨浦区政府、宽带资本等联合投资，成立"云海创业基金"，首期募资 3 亿元，目标募集逾 10 亿元，并将逐步集聚 10 亿元以上的产业发展投资基金。资金将全部用于上海云计算产业链及基地建设与房租补贴、海外人才创新创业、总部企业落地发展补贴等方面。China Venture 投中集团旗下数据产品 CVSource 数据显示，从 2009 年年底到 2013 年年底，云计算将为全球带来 8000 亿美元的新业务收入，为中国带来超过 11 050 亿人民币（1590 亿美元）的新净业务收入②。

2. 企业顺势而起　缔造传奇

在看似规模巨大的新市场上，困扰云计算产业的不仅是具体的商业模式与标准制定问题，数据集成或成为云计算面临的首要挑战。

美国比克集团（Bick Group）的首席技术官大卫·林思克姆（David S. Linthicum），以其近十年的云计算技术和策略研究的背景，提出云计算离不开数据集成，他认为"只有做好数据集成，才能执行云计算"。Informatica 公司认为，当前很多企业和组织希望能够借助云计算更充分地利用最新数据，而这需要解决的最大难题之一就是如何保持对数据的掌控。在实践云计算时，"云数据集成"成为首要能力。我国的华为公司则打造了一个整体的解决方案，提供针对数据中心定制的硬件和虚拟化软件。陆卫东表示，"云计算数据中心最核心的就是资源池化"。广东电子工业研究院院长季统凯也公开表示，希望国家牵头积极开展云计算标准（包括云计算操作系统、云计算和云终端连接的通道标准等）的制

---

① 人民网. 北京启动"祥云工程"打造云计算基地. http://politics.people.com.cn/GB/14562/12106412.html

② ChinaVenture. 上海设云海创业基金投资云计算 一期募资 3 亿. http://news.chinaventure.com.cn/2/20101027/45106.shtml

定（通信世界网，2010）。

　　基于云计算以及 WIKI 协同的商务应用，将彻底改变现有商业模式。最初作为百科方式出现的 WIKI，完全改变了人们获得知识的途径，但是 WIKI 的应用并非仅限于此。WIKI 在商业上的应用，催生了 WIKINOMICS（维基经济学）（Tapscott and Williams，2010）的诞生。WIKI 最显著的特点是协同性，但是它在商业上的应用与百科全书的方式有所不同。Los Angeles Times（洛杉矶时报）在 2005 年曾经试图通过以创立 WIKI 的方式来报导伊拉克战争，结果该 WIKI 成了网民垃圾信息集散地，最终不得不放弃。不受身份限定的 WIKI 应用，在商业领域并不能获得预期收益（Goodnoe，2005）。

　　国内最早、最大的基于云端数据库与 WIKI 模式的 Gidsoo，是基于云端数据库的商品信息搜索引擎。它是建立在 PBD（public business database，公共商业数据库）基础之上的。存储在 PBD 中的海量商品和企业信息，具有统一的标准，能够被第三方调用，同时商家能够对数据库中的信息进行实时更新，保证信息的时效性。百度等通用搜索引擎依靠爬虫抓取整个互联网的信息，然后加以索引，当目标网页有变更时，不能随时更新索引库中信息，信息存在很大的迟滞。百度等搜索引擎对数据库本身则没有给予过多的开放，同时，由于缺少一些标准与接口，用户很难调用到所需的数据，而 PBD 则是一个开放平台。PBD 能够为企业提供专业、快速、高效的商业数据以及情报解决方案，如为企业提供技术、帮助企业整合、定制标准接口、制定行业标准。基于云端的数据库平台，可以保证用户能够持续访问关键业务应用和数据提供，24 小时不间断、无缝地为用户提供各类服务。

　　同时，Gidsoo 搭建数据库平台，各个产业链上的企业无须任何费用、无须安装任何插件，仅需通过浏览器便可实现协同工作，将分散在各个角落的信息按照一定标准进行整合。所有商品信息储存于远程云端数据库，由专业人员维护，能保证数据安全性，而企业无须花费任何来添置硬件、软件、数据库系统等。

　　而基于 WIKI 模式的协同工作无须具备专业技能的员工，普通雇员（会打字、上网）即可完成，企业无须额外雇佣专业人员维护。因此，基于云端数据库与 WI-KI 的中央数据库平台，能够在很大程度上降低企业运营成本。而同时，WIKI 的协同特性，能够保证信息实时、准确、统一，保证信息的可信度。信息的存储，遵循统一标准格式，而不是松散、杂乱、无序的数据结构，这为以后行业数据的调用、交换、共享，实现整个产业链，乃至全行业信息资源整合奠定了基础。WIKI 的应用虽说正在起步阶段，但是协同可以产生价值，WIKI 在很多企业中得到了广泛应用。PBWIKI 指出，世界 500 强企业中，超过 1/3 的企业已经在使用 WIKI，如 IBM 公司的 IBM DITA WIKI、微软的 MSDN WIKI 等（Donday，2009）。

　　云计算引入了全新的以用户为中心的理念，具有节省成本、高可用性、易扩展等众多优点。云计算在现代信息技术产业中占据重要的战略地位，它代表信息产业由硬件转向软件、软件转向服务、分散服务转向集中服务的发展趋势。作为一种最能体现互联网自由、平等和分享精神的计算模型，云计算必将在不远的将来展示出强大的生命力，并将从多个方面改变我们的工作和生活。

5.1.3　实名认证，驾驭未来

10 年前，互联网的盈利模式很简单，以"内容为王"获得广告的方式来盈利，造就了诸如新浪、雅虎等百亿级的企业；5 年前，腾讯、QQ 等千亿级的互联网企业诞生，他们靠的是"用户为王"。未来的互联网中，什么样的用户最有价值呢？什么样的用户可能会造就万亿级的企业？答案是：实名制的用户！

1. 市场强烈需求　实名势在必行

电子商务正以惊人的速度发展，成为最具成长性的一个新型的流通业态。然而，电子商务发展至今天，却遭遇了瓶颈。

1）买卖双方信息不对称

网络的虚拟性，以及技术上的天然瓶颈，导致买卖双方信息的完全不对称。电子商务所具有的远程性、记录的可更改性、主体的复杂性等自身特征，决定了其信用问题更加突出。一旦某一方发生信用问题，轻则会产生交易纠纷，交易失败；重则导致另一方上当受骗。而一些不法之徒利用互联网、电子商务进行诈骗，严重干扰了电子商务的健康、良性发展。

2）失信成本低　欺诈行为屡见不鲜

在我国信用评价系统不完善和监管机制不健全的情况下，交易过程中的诚实守信意识非常薄弱。电子商务交易中，对于很多人来说，失信所带来的成本很低，甚至没有失信成本，这就导致许多人心中诚实守信的意念极其淡薄。人们自身却对此不以为然，殊不知这对整个电子商务行业的发展造成了极其恶劣的负面影响。"商家诚信度"已成为网络交易发展的最大制约因素，主要表现为网络安全监管欠缺、部分网商欺诈、网购商品质量不高、广告脱离实际、网络维权困难等。与此同时，经营者也面临着订单信息失真等消费者的诚信危机。

网络实名制能确认网络交易虚拟主体的真实身份，便于追究违法交易主体的法律责任，能有效降低网络违法行为发生率，维护网络交易安全和交易双方的合法权益，从而解除电子商务发展困境。

2. 顺应商业诉求　政府鼎力支持

2002 年，清华大学新闻学教授李希光在南方谈及新闻改革时建议"中国人大应该禁止任何人网上匿名"以后，引起了网络上的轩然大波。我国的网络实名制从"李希光事件"开始，一步一脚印地走上改革的道路。事实上，中国并不是第一个着手实行实名制的国家。韩国是全球首个强制推广网络实名制的国家，目前实名制已得到韩国公众的认可，还有其他国家，如新加坡、泰国、澳大利亚、南非等也实行了实名制。

从 2003 年开始，中国各地的网吧管理部门要求所有在网吧上网的客户必须向网吧提供身份证，实名登记，以及办理一卡通、IC 卡等。

2004 年 5 月 13 日，中国互联网协会发布了《互联网电子邮件服务标准》（征求意见稿），首次提出实名制并且强调电子邮件服务商应要求客户提交真实的客户资料。

2007 年 8 月，新浪、搜狐、网易等十多家知名博客服务提供商在互联网协会的牵头下共同签署了《博客服务自律公约》。互联网协会希望通过厂商的规范作用，鼓励、引导博客作者逐渐走向实名制。此外，《公约》还要求博客服务提供商制定有效的实名博客用户信息安全管理制度，保护博客用户资料。

2008 年 8 月，国家工业和信息化部正式答复网络实名制立法提案，虽未通过，但表示"实现有限网络实名制管理"将是未来互联网健康发展的方向。

2010 年 7 月 1 日起，工商总局将实施《网络商品交易及有关服务行为管理暂行办法》，网店实名制正式启动。

2010 年 9 月 1 日，工业和信息化部宣布正式实施电话用户实名登记制度。

电子商务实名制的市场诉求，已经得到国家相关部门的重视。从 2002 年开始，"实名制"已经在政府、商家、网站、移动电话网络运营商、用户各个层面上全面推开。国家关于网络实名制立法的不断深入，势必将进一步推动我国电子商务的健康良性发展。

3. 现有实名认证　名存实亡

商业领域，尤其是电子商务平台亟待推行实名认证。目前我国实施的网游、博客、网店实名制，基本上都是采用用户在相应网站上填写身份证号码等个人信息，网站进行验证的方式，这种方式有着不可避免的先天劣势。

1）身份信息有效性低　需要重复注册

很多网站的实名认证形同虚设，用户仅需利用"身份证号码自动生成软件"便能随意生成所谓的"实名信息"。这种方式能够轻松通过网站验证，但是这种"实名信息"与本人真实信息完全不符，实名制实际上已经名存实亡，起不到应有的作用；此外，用户注册信息仅仅对该注册网站有效，如果要登录其他网站，必须得重新注册，这种重复注册不仅浪费时间精力，对用户也非常不友好。

2）增加网站经营者的负担

中小网站一般并不具备公民身份证验证系统，为推行实名制要求网站经营者配备公民身份证验证系统会加重经营者的负担。同时，对于经营者来说，办理各种手续非常烦琐。

目前的"实名认证"，不论是对用户，还是对经营者来说，都比较麻烦，而且起不到规范网络行为的作用，对网络经济的发展而言是障碍，还非常容易引发身份证号码被冒用、盗用等问题。

4. 超越平凡　演绎科技魅力

云计算的出现与应用，为实名认证提供了最有效、最直接的网络服务支持和技术保障。市场对于实名认证的需求表现在：真实可靠、低成本、简单易用、历史数据挖掘与营销等方面。成立于 1992 年，于 2004 年在香港联交所上市的明华科技所推出的 DRU 认证通项目，是目前非常典型且实用的一个实名认证系统。目前已经拥有 100 多万认证用户，1000 多名认证商和 30 多个专营商。

DRU（data register unit），是数据护照认证端口模块的简称。DRU 作为功能强大的用户数据采集处理软件，广泛适用于各行各业，能够对个人、企业及其他组织进行身份认证，并通过计算机系统记录数据，形成自己独特的数据系统，对各类数据进行统一管理。DRU 认证通项目致力于打造统一的实名制标准，从而获取并统计各个类型主体的信息。

DRU 认证通主要由以下五大模块构成。

（1）基本数据。详细显示认证用户的真实姓名、个人头像、性别、出生日期、身份证号码、当前所在地等，还包含推荐账号、紧急联系人姓名、紧急联系人电话、登录密码等附加信息。

（2）指纹数据。记录认证用户的指纹信息，方便日后的指纹消费服务，用户只需轻轻用手指一按，就能立即完成认证。

（3）企业数据。详细记录了认证企业的具体资料，包括企业的营业执照、企业注册名称、注册地址、企业执照图片、联系电话、法人代表等相关信息。

（4）数据同步。可以将本地数据与服务器数据同步，实现本地所有未上传的用户数据全部上传到服务器，也能把服务器上的一些基本信息同步到本地保存。

（5）认证历史。保存用户认证的所有历史记录，通过选择认证类型或认证时间，便可以查询到该时间段所有认证过的用户，也可输入关键字查询相关的认证情况。

五个模块功能各不相同，能够满足客户的不同需要，多功能的组合使得DRU 认证业务使用的范围非常广，是企业打开销路的制胜法宝。

与网络实行的"实名制"相比，DRU 认证通具有的成熟技术和广泛运用的平台，是实现网络实名制最实用、最方便的工具。

1）充分满足网络实名制对信息真实性的要求

DRU 认证通采用先进的数据采集技术，将指纹仪和公安部第二代身份证读取系统相结合，可以采集个人信息包括真实姓名、个人头像、性别、指纹、出生日期、身份证号码、户籍所在地等；企业信息包括认证企业的营业执照、企业注册名称、注册地址、企业执照图片、联系电话、法人代表等。认证商在采集信息时还需要对数据的真实性进行查验和核对，所以 DRU 认证通所采集的信息全面、真实、权威，可以充分满足网络实名制对信息真实性的要求。

2）一次认证　全网通行

经 DRU 认证通认证，用户可以获得数贸联盟的数据护照（data passport，DP），即 DTN 号和密码。用户可以凭借 DTN 号和密码在数贸平台及其合作网站上全网通行，无须重复注册和登录，省时又省心。

3）信息安全性有保障

明华澳汉对 DRU 认证通认证数据护照（DP）进行统一管理，仅在认证用户许可的范围内使用用户资料，不会向任何个人、单位或其他组织透露用户信息，确保用户信息的安全性。

精准的数据可以提供给所有电子商务公司及物联网公司调用。实名制的用户数据可以改善互联网消费的诚信状况，提升商家效率，让消费者网上消费更加放心。而庞大的用户和企业对接，商家因此获益，自然也就会让利给用户，让用户获得更加实惠的价格。与 DRU 关联的所有合作电子商务平台中，用户可以一号通行全网（单点登录），能够以最便捷的方式畅游电子商务。

DRU 实名认证具有开放与合作的基本数据平台优势，让个人和企业一次性进行数据采集，实现社会共享，节约公众的时间与社会成本；除提供了一个很好的技术模型外，还有完善的商业运营模式，具有较好的社会意义和经济意义；有助于商务智能的数据挖掘，有助于推动社会信用化或信用社会化，对推进中国乃至世界电子商务的普及和发展起到积极的作用，有利于互联网的智能化推广。

电子商务领域的实名制是电子商务发展的必然趋势，而 DRU 认证通因其自身的优越性，是实现网络实名制的快捷工具。随着网络实名制的实现，越来越多的个人和企业需要通过认证参与到电子商务中，共同完成中国实名制工程的普及，整合全球数据资源，让消费更具价值。我们也期待明华科技认证通的实名制解决方案，能够成为中国乃至世界标准，规范和引导广阔的网络经济市场空间的发展。

5.2　据地利　如虎添翼

电子商务中的"地利"含义较为广泛，可以理解为地理位置与产业聚集、企业电子商务平台，以及与地理位置有关的物流。

5.2.1　方圆天地，海纳百业

稍微盘点一下国内知名的电子商务企业，我们不难发现，这种地域聚集效应已经逐渐自发形成。主流的电子商务企业越来越集中在北京、上海、杭州、深圳、广州等城市。这样的集聚效应，给电子商务带来的好处不言而喻：众多同行可以很方便地互相切磋技艺、交流行业信息，聚集在这些地区的企业也更容易获得投资人的青睐。相对于其他产业集聚优势而言，这两点对于新兴行业的新兴企业尤其重要（邓华金，2010）。

除了聚集效应之外，当地政府对待电子商务的态度也是极其重要的。地方政府越来越认识到电子商务的重要作用，除了北上广深杭等地之外，出现了越来越多重点扶持电子商务产业发展的城市。如以小商品著称的义乌、打造首个电子商务产业园的成都和武汉等城市。

而老牌经济强省广东省，依托其强大的制造业，先后建立了中山数贸港和中国第一个也是唯一一个镇级国家电子商务试点单位，即广东省佛山市顺德区乐从镇。

中山数贸港集各大产业的专业市场于一体，融合大流通、大采购、大贸易、大网络，强力打造中国数字贸易的标杆，是小商品采购汇集的中心、中国商品向全球辐射的中转站、更是世界贸易巨头的首选之地，建成后将成为最具影响力的综合型专业数字贸易市场园区。数贸港是实现供求之间直接贸易的无障碍渠道，是将信息推广、商品订购、资金划转、物流配送一站式解决的电子商务平台。它集数字贸易、展示展销、金融商城、仓储物流等为一体，创造了义乌（实体店）＋淘宝（网店）模式的第三代电子商务，使贸易更加直观、安全、方便、快捷。在数贸港里可实现数贸产业链中的一切服务。

乐从镇是中国著名的商业贸易集散地，凭借地处珠三角经济圈的优势以及自身经济建设的特点，依托大规模专业市场的现代商贸流通业作为支柱产业，目前已经拥有享誉全国乃至世界的家具、钢铁和塑料三大专业市场，服务于专业市场的电子商务应用势头良好、成效卓越，先后被广东省信息产业厅和国家工业和信息化部定为"广东省专业市场电子商务试点单位"和"国家级电子商务试点"。乐从镇依托其三大专业市场，形成了以中小企业集群为主的电子商务应用；立足实体经济，形成了以"专业市场＋电子商务＋物流服务"为特色的电子商务"乐从模式"，同时其电子商务应用模式日趋多样化，服务领域不断拓宽①。

5.2.2　工欲善其事，必先利其器

对于企业而言，地利是企业进军全网电子商务时代的"硬性指标"。通俗点说，这些硬性指标就是一个电子商务应用平台。像李宁、当当这种大企业资金充裕、技术实力雄厚，自行研发了电子商务平台，拥有自己的技术团队。在经营过程中，能够根据市场变化，有针对性地调整平台功能，满足市场需要。

无论企业是自行研发或是借助第三方平台，只要拥有功能卓越的电子商务平台，就具备了开展电子商务的"地利"。对于众多中小企业而言，没有必要承担巨大风险自行研发电子商务平台，可选择功能强大的云计算应用平台，按需所取来定制电子商务应用。目前比较成熟的平台，如第三方 C2C 的淘宝、易趣、拍拍、有啊等；B2C 解决方案的 ShopEx、EcShop、在线购等；新兴电子商务解决方案的商户宝。值得指出的是，在线购和商户宝等新兴电子商务应用，与传统电子商务平台相比有着显著不同。

1. 在线购

"在线购"销售技术模块是一个新型的 B2C 销售解决方案，集网上交易平台、网上支付接口、交易后续流程管理于一身，它可以在网上随时嵌入、实现即时销售和购物，使网上销售和购物变得更加轻松、快捷、方便。它能够随时嵌入任何网页、电子杂志等，适用性强，每一个产品介绍页、每一个产品列表都可成为产品销售的平台，随时带来订单，创造利润。"在线购"可针对单个商品进行销售，使推广和销售更具针对性、更高效，方便实现个性化促销方案，增加单个商品销售几率，同时避免冗余数据，更易于维护管理；一站式解决展示、推广、发货、销存信息管理、账目明细管理等问题，大大简化销售流程，有效减轻库存压力、降低经营成本；同时借助"在线购"商品配送系统，保证商品配送的准确、按时到位；购物流程设计精简，操作界面简洁清晰，要想查看商品、下订单、付款，两个按钮即可轻松实现；为商家和消费者提供即时沟通工具，方便消费者及时询问商品信息。

2. 商户宝

商户宝是基于创新理念而开发出来的直接贸易模块。商户宝直接贸易模块与

---

① 佛山市顺德区乐从镇人民政府，工信部电子科学技术情报研究所. 乐从电子商务发展规划（2011-2015 年）.

云计算中的 SaaS（软件即服务）理念不谋而合，通过集中收集和运算数据，降低了商家的运营成本。商家参与到商户宝平台，不需要自己特别购置硬件和软件，就能享受商户宝系统平台作为运算中心所提供的服务，联合众多商家参与到商户宝平台，扭转传统的营销观念，真正意义上利用好信息技术。对商家而言，通过 MMS 组合行销、会员储值消费、客户关系分析管理等系统可以帮助商家更精准地定位，产品宣传投放更精准；商家再也无须漫无目的地大量派发优惠券；能够有效削减营销成本，更好地绑定客户。而对于消费者而言，无须多次注册便能在众多商家之间畅通无阻地消费，获得各种优惠。

　　此外，中小企业、电子商务与物流快递业的发展是相辅相成的，我国民营物流快递业发展迅速，以"四通一达"（申通、圆通、中通、汇通、韵达）为主导的快递公司和天地华宇、德邦物流、佳吉快运，以及邮政为主导的物流企业，形成了独特的货物配送优势。一是物流成本低，普通快递 5 元起步；二是送达时间快，一般 48 小时内送达（好客在线，2010）。物流的快速发展，逐渐消除了地缘因素，这也是中小企业电子商务的"地利"之一。

5.3　通人和　倾力打造

　　"天地人和，礼之用，和为贵，王之道，斯之美"，这是中华民族特有的处世哲学，其核心思想是一个"和"字。而"人和"则是东方哲学的"和合思想"与"和而不同"精神的体现，所传达的是融会贯通、求同存异、和谐的共生关系，以及太极阴阳转换的和谐理念。电子商务具备"天时"、"地利"之后，"人和"则是成功的关键所在。

5.3.1　全民全力，志在进取

1. 网络购物市场飞速发展

　　2010 年上半年，大部分网络应用在网民中更加普及，各类网络应用的用户规模持续扩大。其中，商务类应用表现尤其突出，网上支付、网络购物和网上银行半年用户增长率均在 30% 左右，远远超过其他类网络应用。截至 2010 年 6 月，网络购物、网上支付和网上银行的使用率分别为 33.8%、30.5% 和 29.1%，半年用户规模增幅分别为 31.4%，36.2% 和 29.9%，增速在各类应用中排名前三。网络购物在主要网络应用中排名提升一位，使用率超过了论坛/BBS。网络购物用户规模达 1.42 亿，使用率提升至 33.8%，上浮了 5.7 个百分点，半年用户增幅达 31.4%。网络购物用户规模较快增长，显示出我国电子商务市场强劲的发展势头。随着中小企业电子商务的应用趋向常态化，网络零售业务日常化，网络购物市场主体日益强大（中国互联网络信息中心，2010）。

2. 政策支持　卖家遍地开花

除了越来越多买家在网络上购物之外，网络卖家也正呈现井喷之势。2008年年底的一场全球金融危机，使很多行业都遭受了不同程度上的冲击，但是包括网络零售在内的电子商务行业却丝毫没有受到影响，成为金融危机背景下经济增长的一个亮点。

为了推动经济快速全面回升，各地纷纷出台相关政策，规范和鼓励网上零售市场的发展，旨在扶植地方网络零售市场的发展，致力于将电子商务培植成后金融危机时期新的经济增长点。比如，浙江省教育厅下发的《关于对普通高等学校毕业生从事电子商务（网店）进行自主创业认定的通知》规定，鼓励高校毕业生自主创业从事电子商务（网店）经营；广东工商印发广东省工商行政管理局调整机构设置，增加"指导网络商品交易及有关服务行为的监督管理"的职能等。在全国统一的网络购物立法建立之前，地方性政策有利于保持网络零售市场灵活性，也为日后全国的相关立法起到了试点的作用（中国互联网络信息中心，2010）。

3. 联盟平台　全民电子商务近在咫尺

除了传统的中小企业和专业卖家之外，消费者也能成为"卖家"，获得折扣或是返现。这是电子商务发展的大势所在，即通过联盟销售，实现人人都是消费者，也是销售者。这也预示着，全民电子商务时代即将来临。

联盟销售，其流程非常简单，任何人都可以在某电子商务平台注册为会员，然后在后台获得各种各样的推广链接。任何人（包括推广者本身）点击链接并发生消费行为，那么商家就会将交易佣金返还给推广者。目前主流的电子商务平台都在力推网络销售联盟，如 B2C 大鳄卓越亚马逊、当当、京东等，C2C 巨头淘宝网的淘宝客，以及各个搜索引擎的返现平台，如网易有道、腾讯 soso 的返现销售平台等。而基于云计算的新兴电子商务平台 P. cn，则开辟了另一个全新的分红销售模式。

在 P. cn 的主页上，预置了淘宝、当当等大大小小各种电子商务网站的小方块。用户登录自己的 P. cn 账户后，可以随意设定这些小方格所对应的网址，同时也可以拖拽小方块，通过改变这些方格的排序来建立自己的个性化主页。在 P. cn 上点击这些小方块，就能连接到相应的电子商务网站。这些电子商务网站都是 P. cn 的合作伙伴。当消费者通过上述方式连接到合作伙伴的网站后，每进行一笔消费，消费者在 P. cn 上的账户就会相应增加一笔收益——一定数量的积分（可以兑换成现金，也可以在购物时按一定比例抵扣消费金额）。以往不同网站之间的积分不能通用，比如 A 网站的积分不能在 B 网站上使用，而 P. cn 上的积分则与传统意义上的积分不同，可以在不同网站间通用，并且线上的积分还可以在线下实体店使用。消费者还可以获得飞行里程，参加抽奖等活动。而经过实名认证的账号则能比一般账号获得更多的积分。此外，P. cn 提供单点登录，即用户在 P. cn 登录之后，去合作商家消费时，无须重复注册用户账号，免去多次注册、登录的麻烦①。

P. cn 平台的战略合作伙伴不局限于独立的电子网站。如果没有独立的电子商务网站，仍然可以与 P. cn 合作，因为 P. cn 为这些商家提供了电子商务平台。对于商家来说，只需按自己的实际需求来使用相关模块，不仅不用花钱建立自己专门的电子商务网站，还可以拥有其平台上庞大的实名认证用户群体。

另外，在 P. cn 上，用户（作为推广者）能够获得每一种商品的编码，可以将编码（一个 URL）发布至网络的任何角落，任何人（包括推广者本身）购买产品后，推广者便能获得现金返还和积分，真正做到了人人都是销售员的商业愿景。

5.3.2　芳邻为友，共图大业

我们要感谢王峻涛，是他让国人知道了 B2C；我们要感谢马云，是他解决了支付问题；我们要感谢千千万万的电商人，是他们让电子商务遍地开花、落地生根。电子商务的快速发展，除了市场需求的驱动之外，也离不开无数电子商务人的辛勤耕耘。国家工商总局的数据显示②，截至 2009 年年底，使用第三方 B2B 电子商务服务的中小企业数量为 1702 万家，占中小企业的比例为 42.6%。2010年，中国电子商务网站数量井喷式增长，截止到 2010 年 6 月，国内规模以上电子商务网站总量已达 20 700 家，预计到 2010 年年底，电子商务网站总量将超过2.3 万家③。第三方平台低门槛、低成本、见效快的特点，满足了中小企业的特殊需求，能够保障众多中小企业顺利转型电子商务。选择第三方电子商务平台，可以有效帮助中小企业降低风险，为其打开市场打下坚实基础。

随着电子商务产业的蓬勃发展，电子商务行业的从业人员数量也飞速飙升。中国 B2B 研究中心相关调查数据显示，截至 2009 年 6 月，电子商务服务企业直接从业人员超过 50 万人。由电子商务间接带动的就业人数已超过 600 万，达到

---

① 中国计算机报 . P. cn 辟买家分红新蹊径 . http://tech. sina. com. cn/i/2010-06-21/18254331975. shtml.

② 赛迪网 . 电子商务占 GDP 比重增长 第三方平台提供保障 . http://www. chinanews. com. cn/it/2010/10-14/2586830. shtml.

③ 中国电子商务研究中心 . 报告显示：上半年国内团购网站数量已达 485 家 . http://b2b. netsun. com/detail-5329952. html.

近年来的又一新发展高峰①。电子商务高等教育与社会培训的不断深入，使得电子商务从业人员的学历与业务素质不断提高，可以为各类客户提供高质量的品质服务。结盟高素质人才团队与平台，在很大程度上能够促进自身发展、共创大业。

5.4　人寻梦，山登绝顶我为峰

登上昆仑，才知道什么是高峻；目览黄河，才明白什么是壮阔。翻开中国电子商务发展的历史画卷，激情、疯狂、绝望、沉思、崛起……比昆仑还要巍峨，比黄河还要浩荡。电子商务的波澜壮阔与跌宕起伏，缔造出神话般的神奇速度，上演出一幕幕华丽的饕餮盛宴。

5.4.1　激情，无悔人生

激情，是穿越寒冬绽放在枝头的那抹新绿；激情，是走过泥泞遗留在身后的那行足迹；激情，是人生深蕴的宝藏，是让生命蓬勃的动力；激情，是沉默中的爆发，是蛰伏后的苏醒，是人类对整个大千世界的吞吐、张弛、沉浮、聚敛最敏感、最有力的回应。

激情源于梦想，引发动力。激情来自心灵、出自行动。她需要积极的心态作沃土，不断的努力作养料，辛勤的汗水作阳光雨露，孕育最后的成熟。梦想没有激情，事业将是一片荒芜；心灵没有激情，生活将平淡无奇；行动没有激情，人生将一无所成！

也许我们应当感激上苍给我们的种种不平，种种磨炼，它使我们更加成熟、更加理性。对我们来说，一时的失败与压抑又算得了什么？只要你心中还有梦，只要你还有对生活的激情。

长路迢迢，人生漫漫，谁能将激情贯穿一生，谁就能最终成为命运的宠儿。激情燃烧的岁月已经来临，让我们怦然心动，带着这份激情去改变自己，去改变自己想改变的一切。既然不相信命运的安排，就要敢于改变命运；既然不相信注定平庸，就要将自己投入到铸就辉煌的惊心动魄之中②。

我们用激情感悟着生活的所有，我们用激情书写着工作的全部，我们用激情成就着未来的一切。不断促进，不断完善，就像火凤凰历经"涅槃"、"再生"的过程，才能变得更加美丽③。让我们一起拥有激情无悔的人生！

---

① 腾讯．中国电子商务 12 年调查报告．http://tech.qq.com/zt/2009/e12th/
② 服务网．平凡人生．http://www.lunwenw.net/Html/qzyj/215949885.html
③ 用激情成就未来．zhidao.baidu.com/question/72243868

5.4.2　梦想，成就未来

海阔凭鱼跃，天高任鸟飞，世间每个人都怀揣一个属于自己的梦想。然而，什么是梦？什么又是梦想？梦是期待，而梦想是坚强——是你将那飘缈的梦作为自己理想的勇气与执著，是你对自己人生负责的最高境界。然而，又有多少人能够实现自己心中最初的梦想？

梦想，是一个简单的信念，更是一份对祖国和民族的责任。有的人梦想的也许只是一份温饱生活，有的人梦想的可能是宝马香车，而有的人却梦想着：将中国古老的东方智慧文化与先进的信息技术结合，建起中国互联网产业的万里长城，奠定中华民族成为世界科技排头兵的基础。看到中国经济数据的篱藩门户洞开，互联网产业高地尽失，对此他们心急如焚、心如刀绞，为了收复失地、强国富民，他们散尽家财、殚精竭虑，虽历尽磨难、九死一生却依然不悔，这是何等的壮志豪情啊！他们是我们民族的脊梁，是我们未来的希望。我们希望越来越多的年轻人拥有这样的梦想，希望这些梦想在我们祖国的每一个角落里弥漫芬芳！

回眸自己的一路成长，你是否记得每一个梦想带来的悸动，在生命中留下了怎样的足迹？无论无情岁月在我们脸上留下了多少印记，无论无常世事在我们心头划过多少伤痕，只要我们还有呼吸，就有重塑梦想的激情！只要我们还有生存的氧气，就有缔造激情的勇气[①]！

千淘万漉虽辛苦，吹尽狂沙始到金。选择坚持，选择珍惜，选择成就生命的激情与追求，勇敢地成就心中最初的梦想！

乘风破浪会有时，直挂云帆济沧海，让时间作证，寻梦人终能会当凌绝顶，一览众山小！

参 考 文 献

邓华金. 中国电子商务漫谈之三：地利. http://column. iresearch. cn/u/denghuajin/archives/2010/295980. shtml

好客在线. 江浙沪发展电子商务的天时地利人和. http://haokemall. blog. chinabyte. com/2010/06/18/3/

贾敬华. 企业如何打开全网电子商务的大门. http://jiaweb. blog. techweb. cn/archives/703

江苏省中小企业网. 危机成就电子商务 3G 带动无线购. http://www. jste. gov. cn/kjcx/zxqyxxh/101056723. htm

通信世界网. "祥云工程"支撑数字北京云计算产业拷问发展模. http://www. cww. net. cn/tech/html/2010/7/26/2010723154515934. htm

中国互联网络信息中心. 第二十六次中国互联网络发展状况统计报告. http://www. cnnic. net. cn/up-loadfiles/pdf/2010/7/15/100708. pdf.

---

① 中国现代教育网. 放飞梦想 ［EB/OL］. http://space. 30edu. com/05363208/ReadArticle. aspx? ID=c10c9475-b802-4812-bf97-4b918b8cfe60

Donday. 2009-8-7. Corporate WIKIs at Work. http://WIKI. wetpaint. com/page/Corporate＋WIKIs＋at＋ Work

Goodnoe E. 2005-8-29. WIKIs Make Collaboration Easier. http://www. informationweek. com/news/ global-cio/trends/showArticle. jhtml? articleID＝170100392

Tapscott D, Williams A D. 2010-7-20. http://cgis. hbg. psu. edu/articles/WIKInomics ＿ Summary. pdf